Oracle 数据库应用教程

李 燕 段丽英 王 靖 张自立 主编

项目策划：唐　飞
责任编辑：王　锋
责任校对：周维彬
封面设计：墨创文化
责任印制：王　炜

图书在版编目（CIP）数据

Oracle 数据库应用教程 / 李燕等主编. — 成都 : 四川大学出版社，2021.3
ISBN 978-7-5690-4503-1

Ⅰ. ①O… Ⅱ. ①李… Ⅲ. ①关系数据库系统－教材 Ⅳ. ①TP311.138

中国版本图书馆 CIP 数据核字（2021）第 012563 号

书名　Oracle 数据库应用教程
Oracle SHUJUKU YINGYONG JIAOCHENG

主　编	李　燕　段丽英　王　靖　张自立
出　版	四川大学出版社
地　址	成都市一环路南一段 24 号（610065）
发　行	四川大学出版社
书　号	ISBN 978-7-5690-4503-1
印前制作	四川胜翔数码印务设计有限公司
印　刷	成都市新都华兴印务有限公司
成品尺寸	185mm×260mm
印　张	8.75
字　数	200 千字
版　次	2021 年 4 月第 1 版
印　次	2021 年 4 月第 1 次印刷
定　价	30.00 元

◆ 读者邮购本书，请与本社发行科联系。
电话：(028)85408408/(028)85401670/
(028)86408023　邮政编码：610065
◆ 本社图书如有印装质量问题，请寄回出版社调换。
◆ 网址：http://press.scu.edu.cn

四川大学出版社
微信公众号

目　录

第 1 章　Oracle 快速入门和安装

1.1　Oracle 简介

Oracle Database，又名 Oracle RDBMS，或简称 Oracle。Oracle 数据库系统是美国 Oracle（甲骨文）公司提供的以分布式数据库为核心的一组软件产品，是目前最流行的客户端/服务器（Client/Server）或 B/S 体系结构的数据库之一。

Oracle 数据库是目前世界上使用最为广泛的数据库管理系统，作为一个通用的数据库系统，它具有完整的数据管理功能；作为一个关系数据库，它是一个具有完备关系的产品；作为一个分布式数据库，它实现了分布式处理功能。

Oracle 数据库具有如下特点。

1.1.1　完整的数据管理功能

Oracle 具有完整的数据管理功能，其特点如下：

（1）数据的大量性。

（2）数据保存的持久性。

（3）数据的共享性。

（4）数据的可靠性。

1.1.2　具有完备关系的产品

（1）信息准则：关系型 DBMS 的所有信息都应在逻辑上用一种方法，即表中的值是显式地表示。

（2）保证访问的准则。

（3）视图更新准则：只要形成视图的表中的数据变化了，相应的视图中的数据就会同时变化。

（4）数据的物理性和逻辑性独立准则。

1.2　Oracle 安装

本书使用 Oracle 11g 数据库，推荐在 64 位电脑的 Windows 操作系统上进行安装。

1.2.1　Oracle 11g 下载

安装 Oracle 需要到 Oracle 官方网站下载安装程序。注意需根据将要安装运行 Oracle 的电脑配置选择对应的版本，这里推荐选择 Windows x64 版本，如图 1－1 所示。

Oracle Database 11*g* 第 2 版

标准版、标准版 1 以及企业版

7 月 13 日：support.oracle.com 上现已提供适用于 Linux 和 Solaris 的补丁集 11.2.0.4。注：这是一个完整安装（无需先下载 11.2.0.1）。详细信息请参见自述文件（需要登录到 My Oracle Support）。

(11.2.0.4.0)	
OpenVMS	文件 1 (2GB)
(11.2.0.2.0)	
zLinux64	文件 1、文件 2 (2GB) 查看全部
(11.2.0.1.0)	
Microsoft Windows（32 位）	文件 1、文件 2 (2GB) 查看全部
Microsoft Windows (x64)	文件 1、文件 2 (2GB) 查看全部
Linux x86	文件 1、文件 2 (2GB) 查看全部
Linux x86-64	文件 1、文件 2 (2GB) 查看全部
Solaris (SPARC)（64 位）	文件 1、文件 2 (2GB) 查看全部
Solaris (x86-64)	文件 1、文件 2 (2GB) 查看全部
HP-UX Itanium	文件 1、文件 2 (2GB) 查看全部
HP-UX PA-RISC（64 位）	文件 1、文件 2 (2GB) 查看全部
AIX (PPC64)	文件 1、文件 2 (2GB) 查看全部

图 1－1　下载 Oracle 11g 安装程序

1.2.2　安装步骤

下载完 Oracle 11g 安装程序后，将其解压到一个空的文件夹，然后双击 setup. exe 文件，就可以开始安装了。

执行安装程序后，等待片刻会出现启动画面，如图 1－2 所示。

图 1－2　Oracle 11g 安装启动画面

第一步：在此步骤中，可以录入用户的电子邮件地址（图 1－3），以获取有关

Oracle 安全问题的更新信息。如果不需要，也可以不提供电子邮件地址。

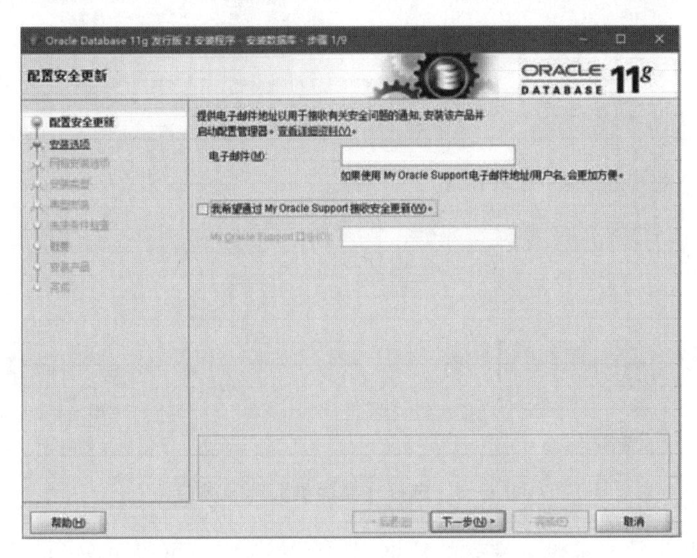

图 1−3　录入用户的电子邮件地址

第二步：此步骤有三个选项，如图 1−4 所示。选择第一个选项【创建和配置数据库】，然后单击【下一步】按钮。

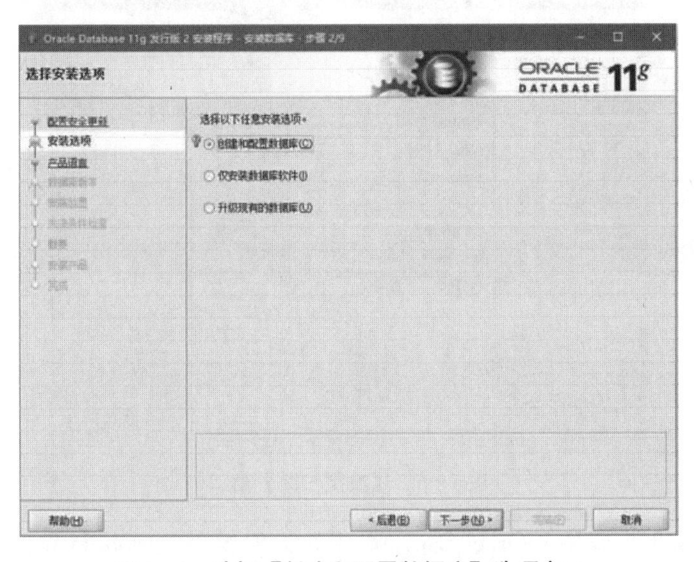

图 1−4　选择【创建和配置数据库】选项窗口

第三步：如果要在笔记本电脑或台式机桌面上安装 Oracle 数据库，请选择该步骤的第一个选项【桌面类】(图 1−5)；否则选择第二个选项，然后单击【下一步】按钮。

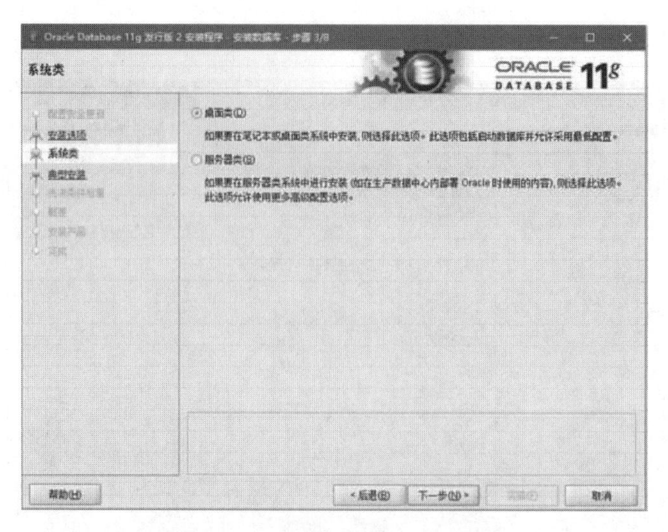

图 1−5　选择【桌面类】选项窗口

第四步：此步骤要求输入完整的数据库安装文件夹。可以更改 Oracle 基本文件夹，其他文件夹将相应更改。填写管理口令，然后单击【下一步】按钮进入下一步（图 1−6）。

图 1−6　【典型安装】窗口

第五步：在此步骤中，Oracle 将在安装数据库组件之前执行先决条件检查（图 1−7）。

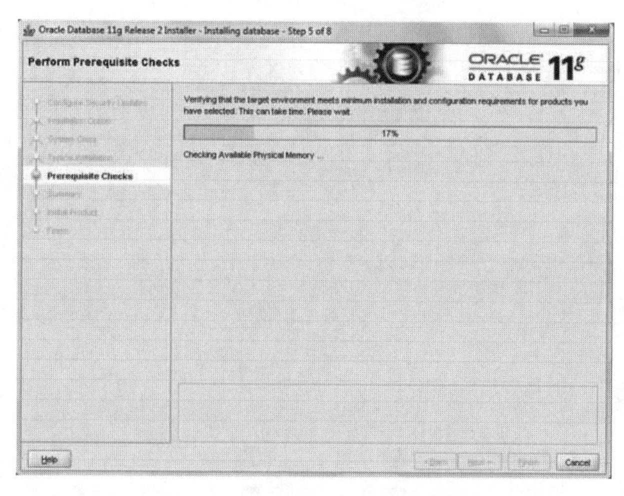

图 1−7　执行先决条件检查窗口

第六步：此步骤将显示上一步骤检查的摘要信息（图 1−8），单击【完成】按钮开始安装 Oracle 数据库。

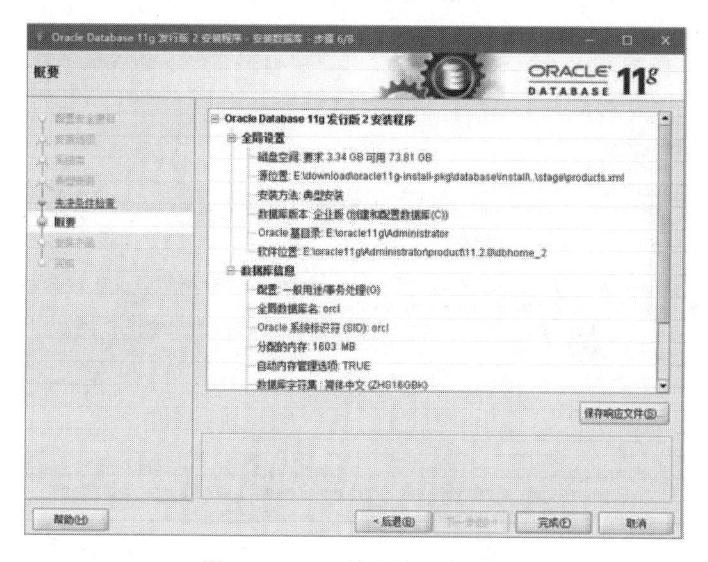

图 1−8　显示检查的摘要信息

第七步：此步骤将文件复制到相应的文件夹，并安装 Oracle 组件和服务（图 1−9）。

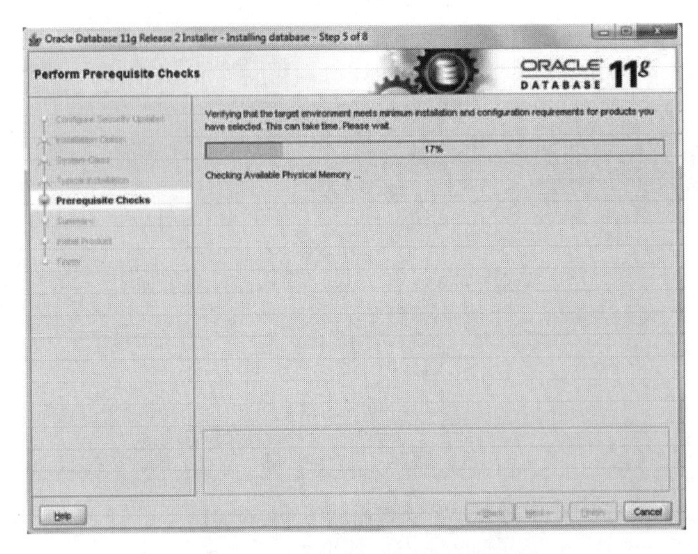

图 1−9　安装 Oracle 组件和服务

完成后，安装程序将显示“数据库配置助理”对话框（图 1−10）。

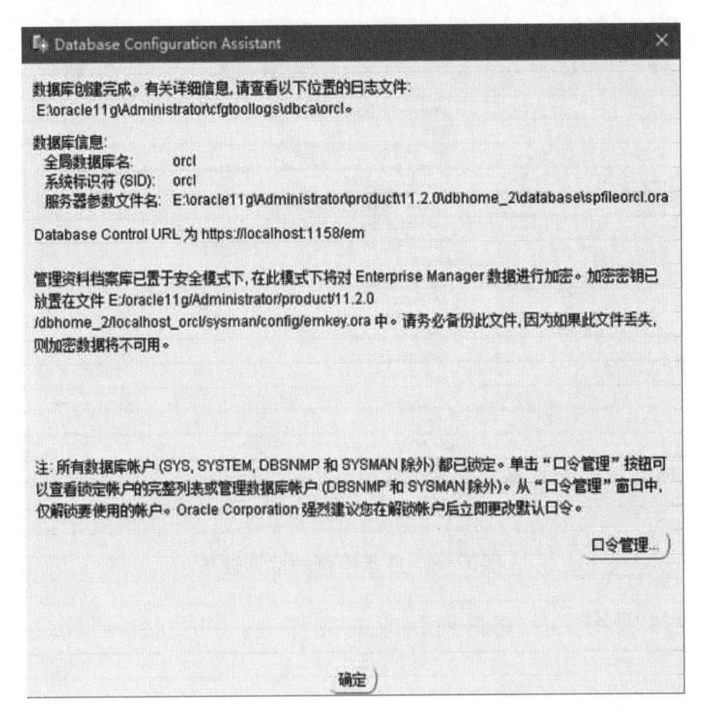

图 1−10　“数据库配置助理”对话框

单击【口令管理】按钮设置不同用户的密码，将 SYS，SYSTEM 等用户解锁并设置相应的密码（图 1−11），完成后，点击【确定】。

口令管理

锁定/解除锁定数据库用户帐户和/或更改默认口令:

用户名	是否锁定帐户?	新口令	确认口令
SYS		********	********
SYSTEM		********	********
OUTLN	✔		
FLOWS_FILES	✔		
MDSYS	✔		
ORDSYS	✔		
EXFSYS	✔		
WMSYS	✔		
APPQOSSYS	✔		
APEX_030200	✔		
OWBSYS_AUDIT	✔		
ORDDATA	✔		
CTXSYS	✔		
ANONYMOUS	✔		
XDB	✔		

确定　取消　帮助

图 1－11　“口令管理”对话框

第八步：安装过程完成后，单击【关闭】按钮来关闭安装程序。至此，Oracle 11g 成功安装（图 1－12）。

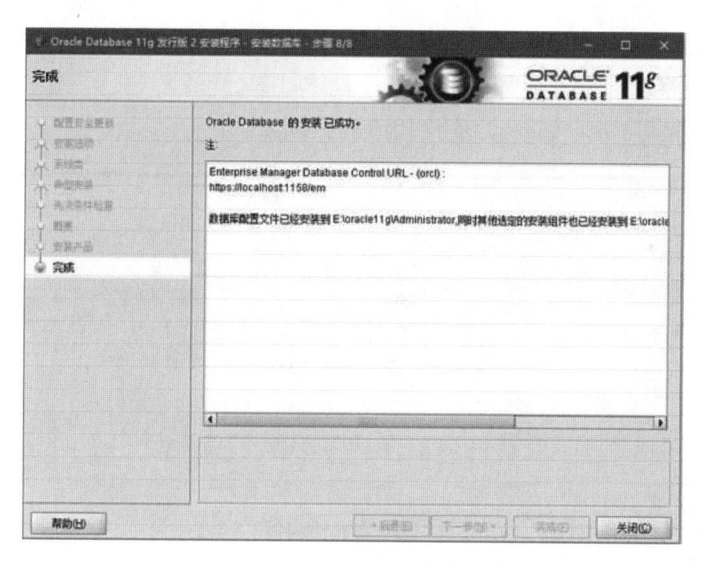

图 1－12　Oracle 11g 成功安装

验证安装情况：如果上面的安装步骤正常通过，那么在【开始】－>【所有应用】中将能够看到 Oracle 文件夹。启动 SQL Plus，它是一个可用于与 Oracle 数据库交互的命令行界面工具。然后，在命令提示符后输入用户名和口令（图 1－13），如提示连接成功，即表明 Oracle 11g 已成功安装。

图 1-13　输入用户名和口令

在安装过程中，如果没有完全成功，请仔细查看每个步骤，并在必要时进行适当的更正。

1.3　SQL Plus

SQL Plus 是 Oracle 提供的一个命令行执行工具软件，安装之后会自动在系统中进行注册。

1.3.1　连接数据库

输入用户名、口令，连接相应的数据库。默认用户名、口令为 scott/scott。如果连接 sys 用户，需将属性设置为管理员模式。具体过程如下：

SQL Plus 输入 scott/Tiger，连接相应的数据库

1.3.2　查看表

连接到相应的数据库后，就可以进行查询操作了。

一个数据库中会存在许多张表，每一张表上都有特定的记录。通过以下命令可以得到一个数据库中全部表的名称：

```
SELECT * FROM tab;
```

在开发过程中使用最多的命令是查看表的结构，例如，使用 desc 表名称的形式查看一个表的完整结构（图 1-14）。

图 1-14　用 desc 表名称查看表的完整结构

在表的列中主要有以下几种类型：

（1）NUMBER（4）：表示长度为 4 的数字；

（2）VARCHAR2（10）：表示只能容纳 10 个长度的字符串；

（3）DATE：表示日期；

（4）NUMBER（7,2）：表示小数位占 2 位，整数位占 5 位，总长度共 7 位的数字。

在 sqlplusw 中可以输入一个"/"表示重复执行上一条语句的操作。

通过输入以下命令，可以实现查询 emp 表中的数据：

```
SELECT * FROM emp;
```

此时，表示发出查询命令，查询数据库 emp 表中的数据。

```
SQL Plus
已连接。
SQL> Select * from emp;
     EMPNO ENAME                JOB                    MGR HIREDATE
       SAL       COMM     DEPTNO
      7369 SMITH                CLERK                 7902 17-12月-80
       800                    40
      7499 ALLEN                SALESMAN              7698 20-2月 -81
      1600        300         30
      7521 WARD                 SALESMAN              7698 22-2月 -81
      1250        500         30
     EMPNO ENAME                JOB                    MGR HIREDATE
       SAL       COMM     DEPTNO
      7566 JONES                MANAGER               7839 02-4月 -81
      9999                    20
      7654 MARTIN               SALESMAN              7698 28-9月 -81
      1250       1400         30
      7698 BLAKE                MANAGER               7839 01-5月 -81
      2850                    30
```

1.3.3　格式化命令

在查看表时发现，原本应当一行显示的数据没有按照一行显示，造成显示的格式非常混乱。此时须进行环境设置。

设置每行显示长度：

```
set linesize 长度;
```

由于 Oracle 中的数据采用按页显示的方式进行输出，为了避免标题行重复，需要修改每页显示记录的长度：

```
set pagesize 行数;
```

实例操作：

set linesize 300;

set pagesize 30;

```
SQL Plus

已选择14行。

SQL> set linesize 300;
SQL> set pagesize 30;
SQL> Select * from emp;

     EMPNO ENAME                JOB                   MGR HIREDATE             SAL       COMM     DEPTNO
---------- -------------------- ------------------ ------ ------------- ---------- ---------- ----------
      7369 SMITH                CLERK                7902 17-12月-80           800                    40
      7499 ALLEN                SALESMAN             7698 20-2月 -81          1600        300         30
      7521 WARD                 SALESMAN             7698 22-2月 -81          1250        500         30
      7566 JONES                MANAGER              7839 02-4月 -81          9999                    20
      7654 MARTIN               SALESMAN             7698 28-9月 -81          1250       1400         30
      7698 BLAKE                MANAGER              7839 01-5月 -81          2850                    30
      7782 CLARK                MANAGER              7839 09-6月 -81          2450                    10
      7788 SCOTT                ANALYST              7566 19-4月 -87          3000                    20
      7839 KING                 PRESIDENT                 17-11月-81          5000                    10
      7844 TURNER               SALESMAN             7698 08-9月 -81          1500          0         30
      7876 ADAMS                CLERK                7788 23-5月 -87          1100                    20
      7900 JAMES                CLERK                7698 03-12月-81           950                    30
      7902 FORD                 ANALYST              7566 03-12月-81          3000                    20
      7934 MILLER               CLERK                7782 23-1月 -82          1300                    10

已选择14行。

SQL>
```

1.3.4　创建和打开文件

由于在 sqlplusw 中不能修改输入的内容，一般会使用本机自带的记事本程序对内容进行编辑，然后在命令窗口中通过输入“@d 文件名”访问（图 1—15）。

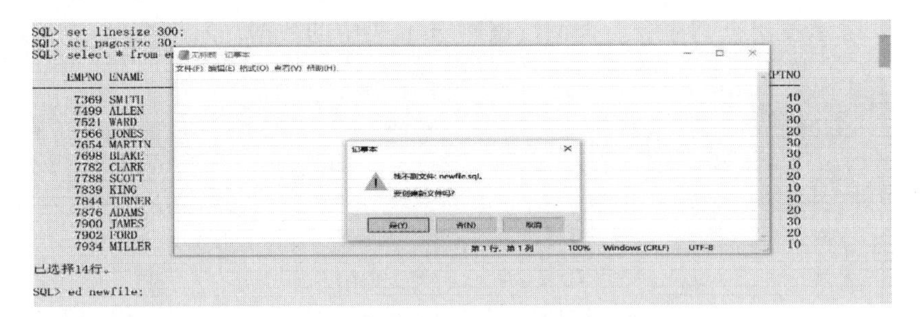

图 1—15　修改输入的内容

由于目前系统中不存在文件 newfile. sql，因此提示用户是否创建该文件。点击“是”，即可创建文件 newfile. sql（图 1—16）。写入命令，编辑完成后，保存该文件即可（图 1—17）。

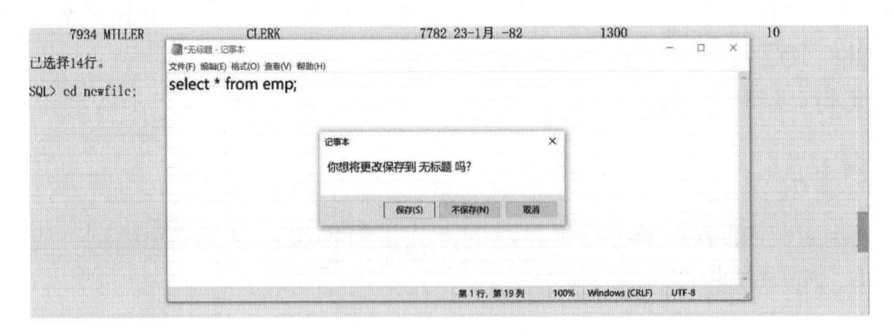

图 1—16　创建文件

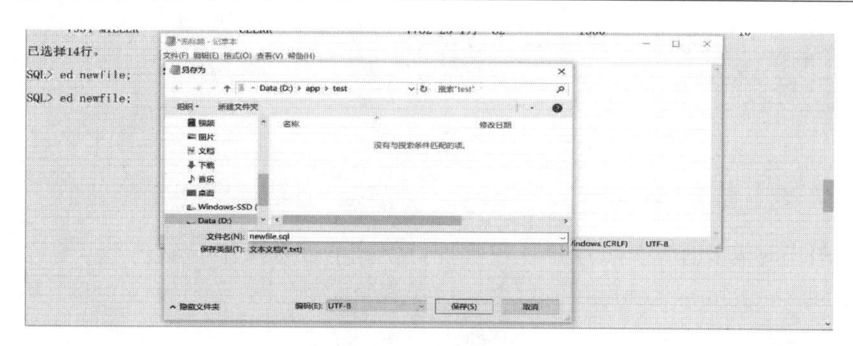

图 1—17　保存文件

执行打开文件命令，显示如下图所示的文件列表。

@d: \app \test \newfile　　　//执行打开文件命令

```
SQL> ed newfile;

SQL> @d:\app\test\newfile;

     EMPNO ENAME                JOB                    MGR HIREDATE          SAL       COMM     DEPTNO
---------- -------------------- ------------------ ------- ----------- --------- ---------- ----------
      7369 SMITH                CLERK                 7902 17-12月-80        800                    40
      7499 ALLEN                SALESMAN              7698 20-2月 -81       1600        300         30
      7521 WARD                 SALESMAN              7698 22-2月 -81       1250        500         30
      7566 JONES                MANAGER               7839 02-4月 -81       9999                    20
      7654 MARTIN               SALESMAN              7698 28-9月 -81       1250       1400         30
      7698 BLAKE                MANAGER               7839 01-5月 -81       2850                    30
      7782 CLARK                MANAGER               7839 09-6月 -81       2450                    10
      7788 SCOTT                ANALYST               7566 19-4月 -87       3000                    20
      7839 KING                 PRESIDENT                  17-11月-81       5000                    10
      7844 TURNER               SALESMAN              7698 08-9月 -81       1500          0         30
      7876 ADAMS                CLERK                 7788 23-5月 -87       1100                    20
      7900 JAMES                CLERK                 7698 03-12月-81        950                    30
      7902 FORD                 ANALYST               7566 03-12月-81       3000                    20
      7934 MILLER               CLERK                 7782 23-1月 -82       1300                    10

已选择14行。
```

除了可以通过 sqlplusw 建立文件，还可以通过“@”寻找磁盘中的文件。

如果在 d 盘的 app 文件夹中有一个名为 aa. txt 的文件，文件中是查询指令，执行时要指定文件路径：@路径，即@d: \app \aa. txt，表示执行指定目录下的文件。

如果文件的后缀名是“*. sql”，则不用输入后缀名，直接@文件名即可找到对应文件，如执行@a，会默认执行 a. sql 文件。

1. 3. 5　连接用户

在 sqlplusw 中也可以使用其他的用户连接，如 sys 或 system 用户。

连接 system 用户：

```
conn system/admin;
```

如果现在连接的是超级管理员(sys)，则在连接的最后必须写上 as sysdba，并以系统管理员的身份进行登录（图 1—22）：

```
conn sys/admin as sysdba;
```

如果现在希望知道当前连接的用户是哪一个，可以用以下指令显示当前用户：

```
show user;
```

```
SQL> conn system/admin;
已连接。
SQL> conn sys/admin as sysdba;
已连接。
SQL> show user;
USER 为 "SYS"
SQL>
```

1.3.6 解锁用户

解锁用户时需要连接 sys 用户，在管理员模式下进行操作。

conn sys/admin as sysdba;

解锁:alter user scott account unlock;

修改密码:alter user scott identified by admin;

```
SQL> Conn sys/admin as sysdba;
已连接。
SQL> alter user scott account unlock;

用户已更改。

SQL> alter user scott identified by admin;

用户已更改。

SQL> conn scott/tiger;
ERROR:
ORA-01017: invalid username/password; logon denied


警告: 您不再连接到 ORACLE。
SQL> conn scott/admin;
已连接。
SQL>
```

1.3.7 打开其他用户的表

在某个用户环境下访问其他用户的表，若只在查询指令中写出表名，则系统会提示错误。

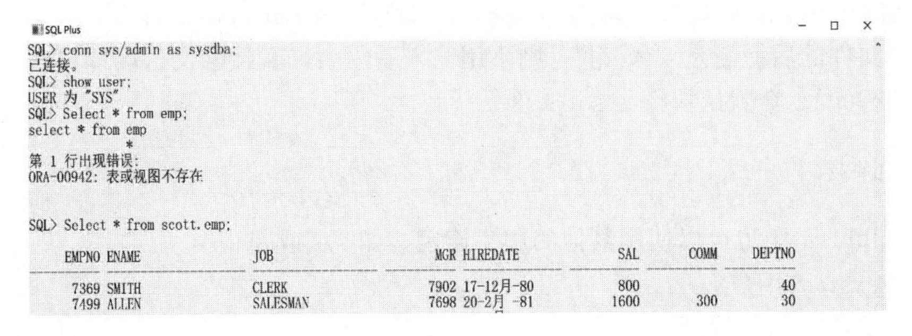

此错误表示 emp 不存在。因为 emp 表是另一个用户 scott 的表，sys 用户中并不存在该表，若在 sys 用户下访问 emp 表，则必须加上该表所属的用户名，即表的完整名称：scott.emp。

第2章　SQL 基础知识

2.1　SQL 语言的四种类型

SQL（Structured Query Language，结构查询语言）是一种功能强大的数据库语言。SQL 通常用于与数据库的通信。ANSI（American National Standards Institute，美国国家标准学会）称 SQL 是关系数据库管理系统的标准语言。

SQL 语言共分为四种类型：数据查询语言 DQL、数据操纵语言 DML、数据定义语言 DDL、数据控制语言 DCL。

鉴于 Oracle 数据库本身的特性，本书在叙述和程序中对英文字母大小写不作固定的统一。

2.1.1　DQL

数据查询语言 DQL 的基本结构是由 SELECT 子句、FROM 子句、WHERE 子句组成的查询块：

SELECT<字段名表>

FROM<表或视图名>

WHERE<查询条件>

2.1.2　DML

数据操纵语言 DML 主要有三种形式：

插入：INSERT

更新：UPDATE

删除：DELETE

2.1.3　DDL

数据定义语言 DDL 用来创建数据库中的各种对象——表、视图、索引、同义词、聚簇等，如：

CREATE TABLE/VIEW/INDEX/SYN/CLUSTER

DDL 操作是隐性提交的，不能回退。

2.1.4 DCL

数据控制语言 DCL 用来授予或回收访问数据库的某种权限，并控制数据库操纵事务发生的时间及效果，对数据库实行监视等。

(1) GRANT：授权。

(2) ROLLBACK [WORK] TO [SAVEPOINT]：回退到某一点。

其中，ROLLBACK（回滚命令）使数据库状态回到上次最后提交的状态。其格式为：

```
SQL>ROLLBACK;
```

(3) COMMIT [WORK]：提交。

在数据库中进行插入、删除和修改操作时，只有当事务提交到数据库时才算完成。在事务提交前，只有操作数据库的人才有权看到所做的事情，其他用户只有在提交完成后才能够看到。

提交数据有三种类型：显式提交、隐式提交和自动提交。

(1) 显式提交。用 COMMIT 命令直接完成的提交称为显式提交。其格式为：

```
SQL>COMMIT;
```

(2) 隐式提交。用 SQL 命令间接完成的提交称为隐式提交。这些命令是：

ALTER, AUDIT, COMMENT, CONNECT, CREATE, DISCONNECT, DROP, EXIT, GRANT, NOAUDIT, QUIT, REVOKE, RENAME。

(3) 自动提交。若把 AUTOCOMMIT 设置为 ON，则在执行插入、修改、删除语句后，系统将自动进行提交。其格式为：

```
SQL>SET AUTOCOMMIT ON;
```

2.2 Scott 用户表

2.2.1 Scott 用户表的结构

查询一个用户环境下的所有数据表可以使用如下命令：

```
SELECT * FROM tab;
```

```
SQL> conn scott/tiger;
已连接。
SQL> Select * from tab;

TNAME                                              TABTYPE    CLUSTERID
-------------------------------------------------- ---------- ----------
BIN$7bc+cgc+TFaGf7K81kFQxA==$0                     TABLE
BIN$GjevuUG5T1SJokmbbKsf0A==$0                     TABLE
BIN$U9Z7QI+IQNS+NbyT4MqTjw==$0                     TABLE
BIN$jGyXuyDuQ7u4FQe7kFS5Zg==$0                     TABLE
BIN$p15HKTTzSEK39eBW4KYHeQ==$0                     TABLE
BONUS                                              TABLE
DEPT                                               TABLE
DEPTSS                                             TABLE
DEPTSTAT                                           TABLE
EMP                                                TABLE
MEMBER                                             TABLE
MEMP                                               TABLE
MYDEPT                                             TABLE
MYEMP                                              TABLE
MYTAB                                              TABLE
PERSON                                             TABLE
SALGRADE                                           TABLE

已选择17行。

SQL>
```

查看表的结构可以使用如下命令：

```
desc emp;
```

```
SQL> desc emp;
 名称                                      是否为空? 类型
 ----------------------------------------- -------- ----------------
 EMPNO                                     NOT NULL NUMBER(4)
 ENAME                                              VARCHAR2(10)
 JOB                                                VARCHAR2(9)
 MGR                                                NUMBER(4)
 HIREDATE                                           DATE
 SAL                                                NUMBER(7,2)
 COMM                                               NUMBER(7,2)
 DEPTNO                                             NUMBER(2)

SQL>
```

2.2.2　四个用户表

（1）雇员表（emp）。

雇员表用于记录雇员的基本信息（表 2－1）。

表 2－1　雇员表（emp）

序号	字段	类型	描述
1	EMPNO	NUMBER（4）	表示雇员编号，是唯一编号
2	ENAME	VARCHAR2（10）	表示雇员姓名
3	JOB	VARCHAR2（9）	表示工作职位
4	MGR	NUMBER（4）	表示一个雇员的领导编号
5	HIREDATE	DATE	表示雇佣日期
6	SAL	NUMBER（7,2）	表示月薪和工资
7	COMM	NUMBER（7,2）	表示奖金（或者称为佣金）
8	DEPTNO	NUMBER（2）	部门编号

（2）部门表（dept）。

部门表用来表示一个个具体部门的信息（表 2－2）。

表 2—2　部门表（dept）

序号	字段	类型	描述
1	DEPTNO	NUMBER（2）	部门编号，是唯一编号
2	DNAME	VARCHAR2（14）	部门名称
3	LOC	VARCHAR2（13）	部门位置

（3）工资等级表（salgrade）。

利用工资等级表来表示工资的等级（表 2—3）。

表 2—3　工资等级表（salgrade）

序号	字段	类型	描述
1	GRADE	NUMBER	等级名称
2	LOSAL	NUMBER	此等级的最低工资
3	HISAL	NUMBER	此等级的最高工资

（4）奖金表（bonus）。

奖金表用来表示一个雇员的工资和奖金（表 2—4）。

表 2—4　奖金表（bonus）

序号	字段	类型	描述
1	ENAME	VARCHAR2（10）	雇员姓名
2	JOB	VARCHAR2（9）	雇员工作
3	SAL	NUMBER	雇员工资
4	COMM	NUMBER	雇员奖金（佣金）

补充知识：

Select * from dba _ users;查看数据库中的所有用户，前提是要有 dba 权限的账号，如 sys，system；

Select * from all _ users;查看你能管理的所有用户；

Select * from user _ users;查看当前用户信息；

Select * from v$database;查看当前所有数据库。

2.3　SQL 查询

2.3.1　简单查询语句

（1）简单查询的基本格式。

```
SELECT[DISTINCT] * | 列名称[别名],列名称[别名],…FROM 表名称[别名];
```

FROM 子句最先执行，由此确定数据的来源，表示从哪张表上查询内容；然后

SELECT 中的子句完成数据的筛选操作。

要查询 emp 数据表中的所有记录，可通过以下语句实现：

```
SELECT * FROM emp;
```

所有记录指的是所有的行和列，简单查询不能控制显示列，所有列使用通配符“*”完成。

实例操作：

假设从 emp 表中查询雇员的编号、姓名、工作信息，需要在语句中指定要查询的列。

```
SELECT empno, ename, sal FROM emp;
```

```
SQL> Select empno, ename, sal from emp;

     EMPNO ENAME                       SAL
---------- -------------------- ----------
      7369 SMITH                       800
      7499 ALLEN                      1600
      7521 WARD                       1250
      7566 JONES                      9999
      7654 MARTIN                     1250
      7698 BLAKE                      2850
      7782 CLARK                      2450
      7788 SCOTT                      3000
      7839 KING                       5000
      7844 TURNER                     1500
      7876 ADAMS                      1100
      7900 JAMES                       950
      7902 FORD                       3000
      7934 MILLER                     1300

已选择14行。
```

简单查询就是查询全部数据行，由 SELECT 控制查询哪些数据列。如果查询特定的列，可以在后面直接跟指定的列名，列名之间用“,”隔开。一般而言，除非需要所有的列时采用通配符检索，否则最好不使用，因为这样会降低检索和应用程序的性能。

查询所有的职位信息：Select job from emp;

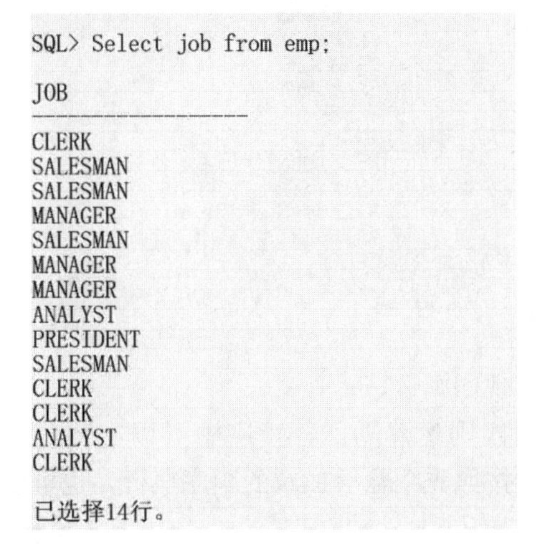

```
SQL> Select job from emp;

JOB
------------------
CLERK
SALESMAN
SALESMAN
MANAGER
SALESMAN
MANAGER
MANAGER
ANALYST
PRESIDENT
SALESMAN
CLERK
CLERK
ANALYST
CLERK

已选择14行。
```

在选择列表中，可重新指定列标题。查询时可以指定查询的返回列名称，即为一个列起别名。

（2）删除重复行。

SELECT 语句中使用 ALL 或 DISTINCT 选项来显示表中符合条件的所有行或删除其中重复的数据行，默认为 ALL。使用 DISTINCT 选项时，对于所有重复的数据行在 SELECT 返回的结果集合中只保留一行。

```
SELECT{DISTINCT} * | 具体的列 别名 FROM 表名称;
```

在消除重复行的时候，如果同时查询多列，则必须保证所有列都重复才能消除掉。

实例操作：

查询所有的职位信息操作结束后，会有 14 条记录，而这里实际上只有 5 个职位。利用 DISTINCT 实现去重操作，它只能出现在 Select 子句后面：

Select distinct job from emp;

```
SQL> Select distinct job from emp;

JOB
------------------
CLERK
SALESMAN
PRESIDENT
MANAGER
ANALYST

SQL>
```

比较 Select distinct ename, job from emp; 的查询结果，去重的判断标准是整行所有列是否相同。

```
SQL> Select distinct ename,job from emp;

ENAME                JOB
-------------------- ------------------
WARD                 SALESMAN
SMITH                CLERK
CLARK                MANAGER
TURNER               SALESMAN
JAMES                CLERK
JONES                MANAGER
MARTIN               SALESMAN
ADAMS                CLERK
SCOTT                ANALYST
KING                 PRESIDENT
FORD                 ANALYST
ALLEN                SALESMAN
BLAKE                MANAGER
MILLER               CLERK

已选择14行。
```

（3）在简单查询中实现四则运算。

在查询中也可以使用四则运算功能，程序中可以支持包含+、-、*、/的语句，所有语句要有优先顺序，按照先乘除后加减的顺序执行，也可以通过添加“()”来改变语句执行的优先顺序。

实例操作：查询每个雇员的编号、姓名、基本收入。

Select empno, ename, sal * 12 from emp;

此时显示的返回列名为 sal * 12。

```
SQL> Select empno, ename, sal*12 from emp;

     EMPNO ENAME                    SAL*12
---------- -------------------- ----------
      7369 SMITH                      9600
      7499 ALLEN                     19200
      7521 WARD                      15000
      7566 JONES                    119988
      7654 MARTIN                    15000
      7698 BLAKE                     34200
      7782 CLARK                     29400
      7788 SCOTT                     36000
      7839 KING                      60000
      7844 TURNER                    18000
      7876 ADAMS                     13200
      7900 JAMES                     11400
      7902 FORD                      36000
      7934 MILLER                    15600

已选择14行。
```

要求显示每个雇员的编号、姓名、年收入（每年 13 个月工资，每个月还有 200 元午餐补助，以及 3 个月、每月 200 元的高温补贴，4 个月、每月 200 元的取暖补贴）：

Select empno, ename, (sal * 13+200 * 12+200 * (3+4)) income from emp;

其中，按照先乘除后加减、括号优先级最高的顺序执行，income 为设置的别名。

```
SQL> Select empno, ename, (sal*13+200*12+200* (3+4) ) income from emp;

     EMPNO ENAME                    INCOME
---------- -------------------- ----------
      7369 SMITH                     14200
      7499 ALLEN                     24600
      7521 WARD                      20050
      7566 JONES                    133787
      7654 MARTIN                    20050
      7698 BLAKE                     40850
      7782 CLARK                     35650
      7788 SCOTT                     42800
      7839 KING                      68800
      7844 TURNER                    23300
      7876 ADAMS                     18100
      7900 JAMES                     16150
      7902 FORD                      42800
      7934 MILLER                    20700

已选择14行。
```

（4）查询列返回值的设置。

给返回值设置一些常量，这些常量可以直接输出。如果常量是字符，则在字符两边加单引号，如'hello'；如果常量是数字，则直接写数字，如 34；如果常量是日期，则按照日期格式写“日－月－年”。

如果返回值包括常量和变量，则可以通过“‖”实现连接效果。其中，别名不需要用单引号声明，但是常量字符必须声明。

实例操作：直接查询常量。

Select'雇员', empno, ename from emp;

```
SQL> Select '雇员',empno,ename from emp;

'雇员'                EMPNO ENAME
------------ ---------- --------------------
雇员                   7369 SMITH
雇员                   7499 ALLEN
雇员                   7521 WARD
雇员                   7566 JONES
雇员                   7654 MARTIN
雇员                   7698 BLAKE
雇员                   7782 CLARK
雇员                   7788 SCOTT
雇员                   7839 KING
雇员                   7844 TURNER
雇员                   7876 ADAMS
雇员                   7900 JAMES
雇员                   7902 FORD
雇员                   7934 MILLER

已选择14行。
```

查询列返回连接效果‖：

Select empno‖ename from emp;

```
SQL> Select empno||ename from emp;

EMPNO||ENAME
------------------------------------------------------------
7369SMITH
7499ALLEN
7521WARD
7566JONES
7654MARTIN
7698BLAKE
7782CLARK
7788SCOTT
7839KING
7844TURNER
7876ADAMS
7900JAMES
7902FORD
7934MILLER

已选择14行。
```

查询列连接显示效果：

Select'雇员'||empno||'，姓名'||ename||'，年薪'||sal*12 from emp;

'雇员'||EMPNO||'，姓名'||ENAME||'，年薪'||SAL*12

```
SQL> Select '雇员'||empno||',          姓名'||ename||',         年薪'||sal*12 from emp;

'雇员'||EMPNO||',姓名'||ENAME||',年薪'||SAL*12
--------------------------------------------------------------------------------
--------------------------------------------------------------------------------
--------
雇员7369,          姓名SMITH,          年薪9600
雇员7499,          姓名ALLEN,          年薪19200
雇员7521,          姓名WARD,          年薪15000
雇员7566,          姓名JONES,          年薪119988
雇员7654,          姓名MARTIN,          年薪15000
雇员7698,          姓名BLAKE,          年薪34200
雇员7782,          姓名CLARK,          年薪29400
雇员7788,          姓名SCOTT,          年薪36000
雇员7839,          姓名KING,          年薪60000
雇员7844,          姓名TURNER,          年薪18000
雇员7876,          姓名ADAMS,          年薪13200
雇员7900,          姓名JAMES,          年薪11400
雇员7902,          姓名FORD,          年薪36000
雇员7934,          姓名MILLER,          年薪15600

已选择14行。
```

别名不需要用单引号声明。但是使用常量字符必须声明。

（5）限制返回的行数。

使用TOP n［PERCENT］选项限制返回的数据行数，TOP n说明返回n行，而TOP n［PERCENT］表示指定返回的行数等于总行数的百分之几。

2.3.2　限定查询语句（WHERE子句）

简单查询是查询一张表的全部记录，限定查询是查询满足指定条件的记录。如果需要根据指定的条件进行查询，则必须使用限定查询。限定查询语法格式如下：

```
SELECT{DISTINCT} * | 具体的列　别名
FROM 表名称
{WHERE 条件(s)}
```

FROM子句指定SELECT语句查询及查询相关的表或视图。在FROM子句中最多可指定256个表或视图，它们之间用逗号分隔。在FROM子句同时指定多个表或视图时，如果选择列表中存在同名列，则应使用对象名限定这些列所属的表或视图。在FROM子句中可用以下两种格式为表或视图指定别名：

表名 as 别名

表名　别名

SELECT不仅能从表或视图中检索数据，还能从其他查询语句返回的结果集合中查询数据。

使用WHERE子句设置查询条件，可过滤掉不需要的数据行。

WHERE子句可包括各种条件运算符：

- 比较运算符（大小比较）：>，>=，=，<，<=，<>，! >，! <。
- 范围运算符（表达式的值是否在指定范围）：BETWEEN…AND…，NOT BETWEEN…AND…。
- 列表运算符（判断表达式是否为列表中的指定项）：IN（项1，项2，…），NOT IN（项1，项2，…）。
- 模式匹配符（判断值是否与指定的字符通配格式相符）：LIKE，NOT LIKE 通配符包括：

　　百分号%：可匹配任意类型和长度的字符，如果是中文，则使用两个百分号，即%%。

　　下划线_：匹配单个任意字符，常用来限制表达式的字符长度。

　　方括号［］：指定一个字符、字符串或范围，要求所匹配对象为它们中的任意一个。

　　［^］：其取值与［］相同，但它要求所匹配对象为指定字符以外的任一个字符。

- 空值判断符（判断表达式是否为空）：IS NULL，NOT IS NULL。
- 逻辑运算符（用于多条件的逻辑连接）：NOT，AND，OR。

实例操作：

(1) 关系运算符。

查出工资大于 1800 元的所有雇员信息：

```
Select *
from emp
where sal>1800;
```

```
SQL> Select *
  2  from emp
  3  where sal>1800;

     EMPNO ENAME                JOB                   MGR HIREDATE          SAL       COMM     DEPTNO
---------- -------------------- ------------------ ---------- -------------- ---------- ---------- ----------
      7566 JONES                MANAGER              7839 02-4月 -81        9999                    20
      7698 BLAKE                MANAGER              7839 01-5月 -81        2850                    30
      7782 CLARK                MANAGER              7839 09-6月 -81        2450                    10
      7788 SCOTT                ANALYST              7566 19-4月 -87        3000                    20
      7839 KING                 PRESIDENT                 17-11月-81        5000                    10
      7902 FORD                 ANALYST              7566 03-12月-81        3000                    20

已选择6行。
```

查询 JONES 的完整信息：

```
Select *
from emp
where ename='JONES';
```

```
SQL> Select *
  2  from emp
  3  where ename='JONES';

     EMPNO ENAME                JOB                   MGR HIREDATE          SAL       COMM     DEPTNO
---------- -------------------- ------------------ ---------- -------------- ---------- ---------- ----------
      7566 JONES                MANAGER              7839 02-4月 -81        9999                    20
```

查询工资是 3000 元的雇员信息：

```
Select *
from emp
where sal=3000;
```

```
SQL> Select *
  2  from emp
  3  where sal=3000;

     EMPNO ENAME                JOB                   MGR HIREDATE          SAL       COMM     DEPTNO
---------- -------------------- ------------------ ---------- -------------- ---------- ---------- ----------
      7788 SCOTT                ANALYST              7566 19-4月 -87        3000                    20
      7902 FORD                 ANALYST              7566 03-12月-81        3000                    20
```

查询职位不是 CLERK 的雇员的编号、姓名、职位：

筛选行　　　　筛选列

```
Select empno, ename, job
from emp
where job!='CLERK';
```

```
SQL> Select empno,ename,job
  2  from emp
  3  where job!= 'CLERK';

     EMPNO ENAME                          JOB
---------- ------------------------------ ------------------
      7499 ALLEN                          SALESMAN
      7521 WARD                           SALESMAN
      7566 JONES                          MANAGER
      7654 MARTIN                         SALESMAN
      7698 BLAKE                          MANAGER
      7782 CLARK                          MANAGER
      7788 SCOTT                          ANALYST
      7839 KING                           PRESIDENT
      7844 TURNER                         SALESMAN
      7902 FORD                           ANALYST

已选择10行。
```

（2）逻辑运算符。

查询奖金范围在 300～1000 元的雇员信息（用 AND 运算符）：

Select *

from emp

where comm>=300 AND comm<=1000;

```
SQL> Select * from emp where comm>=300 and comm<=1000;

     EMPNO ENAME            JOB                MGR HIREDATE          SAL       COMM     DEPTNO
---------- ---------------- ---------------- ------ ------------ -------- ---------- ----------
      7499 ALLEN            SALESMAN          7698 20-2月 -81       1600        300         30
      7521 WARD             SALESMAN          7698 22-2月 -81       1250        500         30
```

查询奖金大于或等于 500 元或者职位是 SALESMAN 的雇员信息（用 OR 运算符）：

Select *

from emp

where comm>=500 OR job='SALESMAN';

```
SQL> Select *
  2  from emp
  3  where comm>=500 OR job='SALESMAN';

     EMPNO ENAME            JOB                MGR HIREDATE          SAL       COMM     DEPTNO
---------- ---------------- ---------------- ------ ------------ -------- ---------- ----------
      7499 ALLEN            SALESMAN          7698 20-2月 -81       1600        300         30
      7521 WARD             SALESMAN          7698 22-2月 -81       1250        500         30
      7654 MARTIN           SALESMAN          7698 28-9月 -81       1250       1400         30
      7844 TURNER           SALESMAN          7698 08-9月 -81       1500          0         30
```

查询所有工资大于 1500 元的雇员信息（用 NOT 运算符）：

Select *

from emp

where NOT sal<=1500;

```
SQL> Select *
  2  from emp
  3  where NOT sal<=1500;

     EMPNO ENAME            JOB                MGR HIREDATE          SAL       COMM     DEPTNO
---------- ---------------- ---------------- ------ ------------ -------- ---------- ----------
      7499 ALLEN            SALESMAN          7698 20-2月 -81       1600        300         30
      7566 JONES            MANAGER           7839 02-4月 -81       9999                    20
      7698 BLAKE            MANAGER           7839 01-5月 -81       2850                    30
      7782 CLARK            MANAGER           7839 09-6月 -81       2450                    10
      7788 SCOTT            ANALYST           7566 19-4月 -87       3000                    20
      7839 KING             PRESIDENT              17-11月-81       5000                    10
      7902 FORD             ANALYST           7566 03-12月-81       3000                    20

已选择7行。
```

（3）范围运算符。

针对某一个范围内的数据过滤，使用 BETWEEN…AND…（此范围包含最小值和最大值）。找到工资在 1500 元到 2000 元（包含此两个值）之间的雇员：

Select *

from emp

where sal BETWEEN 1500 AND 2000； //匹配一个条件

```
SQL> Select *
  2  from emp
  3  where sal BETWEEN 1500 AND 2000;

     EMPNO ENAME                JOB                       MGR HIREDATE              SAL       COMM     DEPTNO
---------- -------------------- ------------------ ---------- -------------- ---------- ---------- ----------
      7499 ALLEN                SALESMAN                 7698 20-2月 -81          1600        300         30
      7844 TURNER               SALESMAN                 7698 08-9月 -81          1500          0         30
```

以下语句执行结果相同：

Select *

from emp

where sal>=1500 AND sal<=2000； //匹配两个条件

找到所有在 1987 年雇佣的雇员：

Select *

from emp

where hiredate BETWEEN '01－1 月－87' AND '31－12 月－87'；

```
SQL> Select *
  2  from emp
  3  where hiredate BETWEEN '01-1月-87' AND '31-12月-87';

     EMPNO ENAME                JOB                       MGR HIREDATE              SAL       COMM     DEPTNO
---------- -------------------- ------------------ ---------- -------------- ---------- ---------- ----------
      7788 SCOTT                ANALYST                  7566 19-4月 -87          3000                    20
      7876 ADAMS                CLERK                    7788 23-5月 -87          1100                    20
```

（4）空判断。

空在数据库中指不确定的内容。数据列是空并不代表数据是 0。对空的判断不能使用关系运算符完成。

Select * from emp where comm=null;

```
SQL> Select * from emp where comm=null;

未选定行
```

空判断只能用 IS NULL 或者 IS NOT NULL 表示。

Select * from emp where comm is null;

```
SQL> Select * from emp where comm is null;

     EMPNO ENAME                JOB                   MGR HIREDATE              SAL       COMM     DEPTNO
---------- -------------------- ------------------ ---------- -------------- ---------- ---------- ----------
      7369 SMITH                CLERK                7902 17-12月-80            800                    40
      7566 JONES                MANAGER              7839 02-4月 -81           9999                    20
      7698 BLAKE                MANAGER              7839 01-5月 -81           2850                    30
      7782 CLARK                MANAGER              7839 09-6月 -81           2450                    10
      7788 SCOTT                ANALYST              7566 19-4月 -87           3000                    20
      7839 KING                 PRESIDENT                 17-11月-81           5000                    10
      7876 ADAMS                CLERK                7788 23-5月 -87           1100                    20
      7900 JAMES                CLERK                7698 03-12月-81            950                    30
      7902 FORD                 ANALYST              7566 03-12月-81           3000                    20
      7934 MILLER               CLERK                7782 23-1月 -82           1300                    10

已选择10行。
```

（5）IN 操作符。

要求查找编号是 7900、7902、1234 的雇员信息（1234 号雇员不存在）：

①如果不使用 IN。

Select * from emp where empno=7900 or empno=7902 or empno=1234;

```
SQL> Select * from emp where empno=7900 or empno=7902 or empno=1234;

     EMPNO ENAME                JOB                   MGR HIREDATE              SAL       COMM     DEPTNO
---------- -------------------- ------------------ ---------- -------------- ---------- ---------- ----------
      7900 JAMES                CLERK                7698 03-12月-81            950                    30
      7902 FORD                 ANALYST              7566 03-12月-81           3000                    20
```

②如果使用 IN。

Select * from emp where empno IN(7900,7902,1234);

```
SQL> Select * from emp where empno IN(7900,7902,1234);

     EMPNO ENAME                JOB                   MGR HIREDATE              SAL       COMM     DEPTNO
---------- -------------------- ------------------ ---------- -------------- ---------- ---------- ----------
      7900 JAMES                CLERK                7698 03-12月-81            950                    30
      7902 FORD                 ANALYST              7566 03-12月-81           3000                    20
```

在指定值的查询过程中，IN 的操作语句是最简短的。

要求查出雇员编号不是 7900、7902、1234 的雇员信息：

Select * from emp where empno NOT IN(7900,7902,1234);

Select * from emp where NOT empno IN(7900,7902,1234);

NOT 在语句中的位置不影响查询结果。

```
SQL> Select * from emp where empno NOT IN(7900,7902,1234);

     EMPNO ENAME                JOB                   MGR HIREDATE              SAL       COMM     DEPTNO
---------- -------------------- ------------------ ---------- -------------- ---------- ---------- ----------
      7369 SMITH                CLERK                7902 17-12月-80            800                    40
      7499 ALLEN                SALESMAN             7698 20-2月 -81           1600        300         30
      7521 WARD                 SALESMAN             7698 22-2月 -81           1250        500         30
      7566 JONES                MANAGER              7839 02-4月 -81           9999                    20
      7654 MARTIN               SALESMAN             7698 28-9月 -81           1250       1400         30
      7698 BLAKE                MANAGER              7839 01-5月 -81           2850                    30
      7782 CLARK                MANAGER              7839 09-6月 -81           2450                    10
      7788 SCOTT                ANALYST              7566 19-4月 -87           3000                    20
      7839 KING                 PRESIDENT                 17-11月-81           5000                    10
      7844 TURNER               SALESMAN             7698 08-9月 -81           1500          0         30
      7876 ADAMS                CLERK                7788 23-5月 -87           1100                    20
      7934 MILLER               CLERK                7782 23-1月 -82           1300                    10

已选择12行。
```

使用 NOT IN 进行范围判断时，如果范围中包含有 NULL，则不会有任何结果返回。相反地，NULL 对 IN 的使用没有任何影响。

Select * from emp where empno NOT IN(7900,7902,1234,null);

```
SQL> Select * from emp where empno NOT IN(7900,7902,1234,null);

未选定行
```

Select * from emp where empno IN(7900,7902,1234,null);

```
SQL> Select * from emp where empno IN(7900,7902,1234,null);

    EMPNO ENAME                JOB                MGR HIREDATE          SAL       COMM     DEPTNO
---------- -------------------- ------------------ ---------- -------------- ---------- ---------- ----------
     7900 JAMES                CLERK             7698 03-12月-81         950                   30
     7902 FORD                 ANALYST           7566 03-12月-81        3000                   20
```

(6) 模糊查询 LIKE。

查找 ENAME 以 S 开头的雇员信息：

Select * from emp where ename LIKE 'S%';

```
SQL> Select * from emp where ename LIKE 'S%';

    EMPNO ENAME                JOB                MGR HIREDATE          SAL       COMM     DEPTNO
---------- -------------------- ------------------ ---------- -------------- ---------- ---------- ----------
     7369 SMITH                CLERK             7902 17-12月-80         800                   40
     7788 SCOTT                ANALYST           7566 19-4月 -87        3000                   20
```

查找 ENAME 中第三个字母是 A 的雇员信息：

Select * from emp where ename LIKE' _ _A%';(两个下划线)

```
SQL> Select * from emp where ename LIKE '__A%';

    EMPNO ENAME                JOB                MGR HIREDATE          SAL       COMM     DEPTNO
---------- -------------------- ------------------ ---------- -------------- ---------- ---------- ----------
     7698 BLAKE                MANAGER           7839 01-5月 -81        2850                   30
     7782 CLARK                MANAGER           7839 09-6月 -81        2450                   10
     7876 ADAMS                CLERK             7788 23-5月 -87        1100                   20
```

查找 ENAME 中包含字母 A 的雇员信息：

Select * from emp where ename LIKE'%A%';

```
SQL> Select * from emp where ename LIKE '%A%';

    EMPNO ENAME                JOB                MGR HIREDATE          SAL       COMM     DEPTNO
---------- -------------------- ------------------ ---------- -------------- ---------- ---------- ----------
     7499 ALLEN                SALESMAN          7698 20-2月 -81        1600        300         30
     7521 WARD                 SALESMAN          7698 22-2月 -81        1250        500         30
     7654 MARTIN               SALESMAN          7698 28-9月 -81        1250       1400         30
     7698 BLAKE                MANAGER           7839 01-5月 -81        2850                   30
     7782 CLARK                MANAGER           7839 09-6月 -81        2450                   10
     7876 ADAMS                CLERK             7788 23-5月 -87        1100                   20
     7900 JAMES                CLERK             7698 03-12月-81         950                   30

已选择7行。
```

LIKE 可以应用于任何数据类型，不一定都是字符串。

查询工资包含数字 5 的雇员信息：

Select * from emp where sal LIKE'%5%';

```
SQL> Select * from emp where sal LIKE '%5%';

    EMPNO ENAME                JOB                MGR HIREDATE          SAL       COMM     DEPTNO
---------- -------------------- ------------------ ---------- -------------- ---------- ---------- ----------
     7521 WARD                 SALESMAN          7698 22-2月 -81        1250        500         30
     7654 MARTIN               SALESMAN          7698 28-9月 -81        1250       1400         30
     7698 BLAKE                MANAGER           7839 01-5月 -81        2850                   30
     7782 CLARK                MANAGER           7839 09-6月 -81        2450                   10
     7839 KING                 PRESIDENT              17-11月-81        5000                   10
     7844 TURNER               SALESMAN          7698 08-9月 -81        1500          0         30
     7900 JAMES                CLERK             7698 03-12月-81         950                   30

已选择7行。
```

使用 LIKE 如果不设置查询关键字，相当于查询全部记录。

Select * from emp where ename LIKE'%';

```
SQL> Select * from emp where ename LIKE '%';

     EMPNO ENAME                JOB                  MGR HIREDATE             SAL       COMM     DEPTNO
---------- -------------------- ------------------ ----- -------------- ---------- ---------- ----------
      7369 SMITH                CLERK               7902 17-12月-80            800                    40
      7499 ALLEN                SALESMAN            7698 20-2月 -81           1600        300         30
      7521 WARD                 SALESMAN            7698 22-2月 -81           1250        500         30
      7566 JONES                MANAGER             7839 02-4月 -81           9999                    20
      7654 MARTIN               SALESMAN            7698 28-9月 -81           1250       1400         30
      7698 BLAKE                MANAGER             7839 01-5月 -81           2850                    30
      7782 CLARK                MANAGER             7839 09-6月 -81           2450                    10
      7788 SCOTT                ANALYST             7566 19-4月 -87           3000                    20
      7839 KING                 PRESIDENT                17-11月-81           5000                    10
      7844 TURNER               SALESMAN            7698 08-9月 -81           1500          0         30
      7876 ADAMS                CLERK               7788 23-5月 -87           1100                    20
      7900 JAMES                CLERK               7698 03-12月-81            950                    30
      7902 FORD                 ANALYST             7566 03-12月-81           3000                    20
      7934 MILLER               CLERK               7782 23-1月 -82           1300                    10

已选择14行。
```

2.3.3　查询结果排序（ORDER BY 子句）

使用 ORDER BY 子句对查询返回的结果按一列或多列排序。语法格式为：

```
SELECT{DISTINCT} * | 具体的列 别名
FROM 表名称
{WHERE 条件(s)}
{ORDER BY 排序的字段 1,排序的字段 2 ASC | DESC}
```

ASC 表示升序，为默认值；DESC 表示降序。ORDER BY 不能按 ntext、text 和 image 数据类型进行排序。

实例操作：

将雇员信息按照工资由高到低排序：

Select * from emp order by sal desc;

```
SQL> Select * from emp order by sal desc;

     EMPNO ENAME                JOB                  MGR HIREDATE             SAL       COMM     DEPTNO
---------- -------------------- ------------------ ----- -------------- ---------- ---------- ----------
      7566 JONES                MANAGER             7839 02-4月 -81           9999                    20
      7839 KING                 PRESIDENT                17-11月-81           5000                    10
      7902 FORD                 ANALYST             7566 03-12月-81           3000                    20
      7788 SCOTT                ANALYST             7566 19-4月 -87           3000                    20
      7698 BLAKE                MANAGER             7839 01-5月 -81           2850                    30
      7782 CLARK                MANAGER             7839 09-6月 -81           2450                    10
      7499 ALLEN                SALESMAN            7698 20-2月 -81           1600        300         30
      7844 TURNER               SALESMAN            7698 08-9月 -81           1500          0         30
      7934 MILLER               CLERK               7782 23-1月 -82           1300                    10
      7521 WARD                 SALESMAN            7698 22-2月 -81           1250        500         30
      7654 MARTIN               SALESMAN            7698 28-9月 -81           1250       1400         30
      7876 ADAMS                CLERK               7788 23-5月 -87           1100                    20
      7900 JAMES                CLERK               7698 03-12月-81            950                    30
      7369 SMITH                CLERK               7902 17-12月-80            800                    40

已选择14行。
```

查询 SALESMAN 的信息，按照雇佣日期由早到晚进行排序：

Select * from emp where job='SALESMAN' order by hiredate;

```
SQL> Select * from emp where job='SALESMAN' order by hiredate;

     EMPNO ENAME                JOB                  MGR HIREDATE             SAL       COMM     DEPTNO
---------- -------------------- ------------------ ----- -------------- ---------- ---------- ----------
      7499 ALLEN                SALESMAN            7698 20-2月 -81           1600        300         30
      7521 WARD                 SALESMAN            7698 22-2月 -81           1250        500         30
      7844 TURNER               SALESMAN            7698 08-9月 -81           1500          0         30
      7654 MARTIN               SALESMAN            7698 28-9月 -81           1250       1400         30
```

多字段排序：将雇员信息按照工资由高到低排序，工资相同者按照雇佣日期由早到晚排序。

Select * from emp order by sal desc, hiredate asc;

```
SQL> Select * from emp order by sal desc,hiredate asc;

     EMPNO ENAME                JOB                         MGR HIREDATE              SAL       COMM     DEPTNO
      7566 JONES                MANAGER                    7839 02-4月 -81           9999                  20
      7839 KING                 PRESIDENT                       17-11月-81           5000                  10
      7902 FORD                 ANALYST                    7566 03-12月-81           3000                  20
      7788 SCOTT                ANALYST                    7566 19-4月 -87           3000                  20
      7698 BLAKE                MANAGER                    7839 01-5月 -81           2850                  30
      7782 CLARK                MANAGER                    7839 09-6月 -81           2450                  10
      7499 ALLEN                SALESMAN                   7698 20-2月 -81           1600        300       30
      7844 TURNER               SALESMAN                   7698 08-9月 -81           1500          0       30
      7934 MILLER               CLERK                      7782 23-1月 -82           1300                  10
      7521 WARD                 SALESMAN                   7698 22-2月 -81           1250        500       30
      7654 MARTIN               SALESMAN                   7698 28-9月 -81           1250       1400       30
      7876 ADAMS                CLERK                      7788 23-5月 -87           1100                  20
      7900 JAMES                CLERK                      7698 03-12月-81            950                  30
      7369 SMITH                CLERK                      7902 17-12月-80            800                  40

已选择14行。
```

查询每个雇员的编号、姓名、年薪（别名 income），按照年薪由高到低排序：

Select empno, ename, sal * 12 income

from emp

order by income desc;

```
SQL> Select empno, ename, sal*12 income
  2  from emp
  3  order by income desc;

     EMPNO ENAME                    INCOME
      7566 JONES                    119988
      7839 KING                      60000
      7902 FORD                      36000
      7788 SCOTT                     36000
      7698 BLAKE                     34200
      7782 CLARK                     29400
      7499 ALLEN                     19200
      7844 TURNER                    18000
      7934 MILLER                    15600
      7521 WARD                      15000
      7654 MARTIN                    15000
      7876 ADAMS                     13200
      7900 JAMES                     11400
      7369 SMITH                      9600

已选择14行。
```

查询所有经理的编号、姓名、职位（别名 position）、年薪（别名 income），并按照年薪由高到低排序：

Select empno, ename, job position, sal * 12 income

from emp

where job='MANAGER'　　//job 如果使用别名 position，则提示标识符无效

order by income desc;

整个 SQL 查询中只有 ORDER BY 能使用 SELECT 定义的别名，其他子句都不行。

```
SQL> Select empno, ename, job position, sal*12 income from emp where job='MANAGER' order by income desc;

     EMPNO ENAME                POSITION                 INCOME
      7566 JONES                MANAGER                  119988
      7698 BLAKE                MANAGER                   34200
      7782 CLARK                MANAGER                   29400

SQL> select empno, ename, job position, sal*12 income from emp where position='MANAGER' order by income desc;
select empno, ename, job position, sal*12 income from emp where position='MANAGER' order by income desc
                                                                *
第 1 行出现错误:
ORA-00904: "POSITION": 标识符无效
```

阶段综合练习：

查询部门 10 中的所有员工：

Select * from emp where deptno=10;

```
SQL> Select * from emp where deptno=10;

     EMPNO ENAME                JOB                        MGR HIREDATE             SAL       COMM     DEPTNO
---------- -------------------- ------------------ ---------- -------------- ---------- ---------- ----------
      7782 CLARK                MANAGER                  7839 09-6月 -81           2450                    10
      7839 KING                 PRESIDENT                     17-11月-81           5000                    10
      7934 MILLER               CLERK                    7782 23-1月 -82           1300                    10
```

查询 SALESMAN 的姓名和部门编号：

Select ename, deptno from emp where job='SALESMAN';

```
SQL> Select ename, deptno from emp where job='SALESMAN';

ENAME                    DEPTNO
-------------------- ----------
ALLEN                        30
WARD                         30
MARTIN                       30
TURNER                       30
```

查询奖金高于工资 60%的员工：

Select * from emp where comm>sal * 0.6;

```
SQL> Select * from emp where comm>sal*0.6;

     EMPNO ENAME                JOB                        MGR HIREDATE             SAL       COMM     DEPTNO
---------- -------------------- ------------------ ---------- -------------- ---------- ---------- ----------
      7654 MARTIN               SALESMAN                 7698 28-9月 -81           1250       1400         30
```

查询部门 10 中的经理和部门 30 中的销售人员的详细资料：

Select * from emp where(deptno=10 and job='MANAGER') or (deptno=30 and job='SALESMAN');

```
SQL> Select * from emp where(deptno=10 and job='MANAGER')or(deptno=30 and job='SALESMAN');

     EMPNO ENAME                JOB                        MGR HIREDATE             SAL       COMM     DEPTNO
---------- -------------------- ------------------ ---------- -------------- ---------- ---------- ----------
      7499 ALLEN                SALESMAN                 7698 20-2月 -81           1600        300         30
      7521 WARD                 SALESMAN                 7698 22-2月 -81           1250        500         30
      7654 MARTIN               SALESMAN                 7698 28-9月 -81           1250       1400         30
      7782 CLARK                MANAGER                  7839 09-6月 -81           2450                    10
      7844 TURNER               SALESMAN                 7698 08-9月 -81           1500          0         30
```

查询部门 10 中所有经理和部门 30 中所有销售人员或者既不是经理又不是销售人员但是其薪金大于或等于 2000 元的雇员信息：

Select * from emp

where(deptno=10 and job='MANAGER')

or (deptno=30 and job='SALESMAN')

or (job!='MANAGER'and job!='SALESMAN'and sal>=2000);

```
SQL> Select * from emp
  2  where(deptno=10 and job='MANAGER')
  3  or(deptno=30 and job='SALESMAN')
  4  OR(Job!='MANAGER' and job!=' SALESMAN 'and sal>=2000);

     EMPNO ENAME                JOB                        MGR HIREDATE             SAL       COMM     DEPTNO
---------- -------------------- ------------------ ---------- -------------- ---------- ---------- ----------
      7499 ALLEN                SALESMAN                 7698 20-2月 -81           1600        300         30
      7521 WARD                 SALESMAN                 7698 22-2月 -81           1250        500         30
      7654 MARTIN               SALESMAN                 7698 28-9月 -81           1250       1400         30
      7782 CLARK                MANAGER                  7839 09-6月 -81           2450                    10
      7788 SCOTT                ANALYST                  7566 19-4月 -87           3000                    20
      7839 KING                 PRESIDENT                     17-11月-81           5000                    10
      7844 TURNER               SALESMAN                 7698 08-9月 -81           1500          0         30
      7902 FORD                 ANALYST                  7566 03-12月-81           3000                    20

已选择8行。
```

以下查询语句结果相同：

```
Select * from emp
where(deptno=10 and job='MANAGER')
or(deptno=30 and job='SALESMAN')
or(job not in('MANAGER','SALESMAN')and sal>=2000);
```

查询所有带有奖金的工作：

```
Select distinct job from emp where comm is not null;
```

```
SQL> Select distinct job from emp where comm is not null;

JOB
------------------
SALESMAN
```

查询没有奖金或者奖金低于 100 元的雇员信息：

```
Select * from emp where comm is null or comm<100;
```

```
SQL> Select * from emp where comm is null or comm<100;
```

EMPNO	ENAME	JOB	MGR	HIREDATE	SAL	COMM	DEPTNO
7369	SMITH	CLERK	7902	17-12月-80	800		40
7566	JONES	MANAGER	7839	02-4月 -81	9999		20
7698	BLAKE	MANAGER	7839	01-5月 -81	2850		30
7782	CLARK	MANAGER	7839	09-6月 -81	2450		10
7788	SCOTT	ANALYST	7566	19-4月 -87	3000		20
7839	KING	PRESIDENT		17-11月-81	5000		10
7844	TURNER	SALESMAN	7698	08-9月 -81	1500	0	30
7876	ADAMS	CLERK	7788	23-5月 -87	1100		20
7900	JAMES	CLERK	7698	03-12月-81	950		30
7902	FORD	ANALYST	7566	03-12月-81	3000		20
7934	MILLER	CLERK	7782	23-1月 -82	1300		10

已选择11行。

显示 ENAME 中不含字母 T 的员工的编号、姓名、工资：

```
Select empno,ename,job from emp where ename not like'%T%';
```

```
SQL> Select empno,ename,job from emp where ename not like '%T%';
```

EMPNO	ENAME	JOB
7499	ALLEN	SALESMAN
7521	WARD	SALESMAN
7566	JONES	MANAGER
7698	BLAKE	MANAGER
7782	CLARK	MANAGER
7839	KING	PRESIDENT
7876	ADAMS	CLERK
7900	JAMES	CLERK
7902	FORD	ANALYST
7934	MILLER	CLERK

已选择10行。

显示 ENAME 中包含字母 A 的所有员工的编号、姓名、职位、雇佣日期、工资，按照工资由高到低排序，工资相同则按照职位排序，职位相同则按照雇佣年限由早到晚排序：

```
Select empno,ename,job,hiredate,sal
from emp
where ename like'%A%'
```

order by sal desc, job, hiredate;

```
SQL> Select empno, ename, job, hiredate, sal
  2  from emp
  3  where ename like '%A%'
  4  order by sal desc,  job, hiredate;

     EMPNO ENAME                JOB                 HIREDATE               SAL
---------- -------------------- ------------------- -------------- ----------
      7698 BLAKE                MANAGER             01-5月 -81           2850
      7782 CLARK                MANAGER             09-6月 -81           2450
      7499 ALLEN                SALESMAN            20-2月 -81           1600
      7521 WARD                 SALESMAN            22-2月 -81           1250
      7654 MARTIN               SALESMAN            28-9月 -81           1250
      7876 ADAMS                CLERK               23-5月 -87           1100
      7900 JAMES                CLERK               03-12月-81            950

已选择7行。
```

查询姓名属于'BLAKE', 'WARD', 'ABC'范围内的员工的编号、姓名、工资：

Select empno, ename, sal

from emp

where ename not in('BLAKE', 'WARD', 'ABC');

```
SQL> Select empno, ename, sal
  2  from emp
  3  where ename not in('BLAKE','WARD','ABC');

     EMPNO ENAME                       SAL
---------- -------------------- ----------
      7369 SMITH                       800
      7499 ALLEN                      1600
      7566 JONES                      9999
      7654 MARTIN                     1250
      7782 CLARK                      2450
      7788 SCOTT                      3000
      7839 KING                       5000
      7844 TURNER                     1500
      7876 ADAMS                      1100
      7900 JAMES                       950
      7902 FORD                       3000
      7934 MILLER                     1300

已选择12行。
```

查询员工的姓名、编号、部门编号，按照部门编号升序排列，如果部门相同，则按照姓名降序排列：

Select empno, ename, deptno

from emp

order by deptno, ename desc;

```
SQL> Select empno, ename, deptno
  2  from emp
  3  order by deptno, ename desc;

     EMPNO ENAME                    DEPTNO
---------- -------------------- ----------
      7934 MILLER                       10
      7839 KING                         10
      7782 CLARK                        10
      7788 SCOTT                        20
      7566 JONES                        20
      7902 FORD                         20
      7876 ADAMS                        20
      7521 WARD                         30
      7844 TURNER                       30
      7654 MARTIN                       30
      7900 JAMES                        30
      7698 BLAKE                        30
      7499 ALLEN                        30
      7369 SMITH                        40

已选择14行。
```

查询姓名中包含字母 M 的员工的编号、姓名、职位、工资，并按工资由高到低排序：

```
Select empno, ename, job, sal
from emp
where ename like '%M%'
order by sal desc;
```

```
SQL> Select empno, ename, job, sal
  2  from emp
  3  where ename like '%M%'
  4  order by sal desc;

     EMPNO ENAME                JOB                       SAL
---------- -------------------- ------------------ ----------
      7934 MILLER               CLERK                    1300
      7654 MARTIN               SALESMAN                 1250
      7876 ADAMS                CLERK                    1100
      7900 JAMES                CLERK                     950
      7369 SMITH                CLERK                     800
```

2.4 单行函数

2.4.1 字符串函数

字符串函数主要是用于处理字符串数据的。这个字符串数据有可能是在列上找到的或者直接设置的字符串常量（表 2-5）。

表 2-5 字符串函数

序号	函数名称	描述
1	字符串 UPPER（列 | 字符串）	将传入的字符串变为大写字母

续表

序号	函数名称	描述
2	字符串 LOWER（列	字符串）	将传入的字符串变为小写字母
3	字符串 INITCAP（列	字符串）	开头首字母大写，其他字母全部变为小写
4	字符串 LENGTH（列	字符串）	返回指定字符串的长度
5	字符串 SUBSTR（列	字符串，开始索引，[长度]）	字符串截取，如果没有设置长度，则从开始到结尾
6	字符串 REPLACE（列	字符串，旧内容，新内容）	在指定字符串中，以新内容替换旧内容

由于所有函数必须在 SQL 语句中验证，因此有虚拟表 dual。

实例操作：

UPPER

Select UPPER('hello') from emp/dual;　//观察执行效果

将 emp 表中所有姓名都变为小写：

Select LOWER(ename) from emp;

查询职位是 SALESMAN 的雇员信息：

Select * from emp where job=UPPER('SALESMAN');

INITCAP

将所有职位名称改成首字母大写的形式：

Select ename,job,INITCAP(job) from emp;

```
SQL> Select ename,job,INITCAP(job) from emp;

ENAME                JOB                  INITCAP(JOB)
-------------------- -------------------- ------------------
SMITH                CLERK                Clerk
ALLEN                SALESMAN             Salesman
WARD                 SALESMAN             Salesman
JONES                MANAGER              Manager
MARTIN               SALESMAN             Salesman
BLAKE                MANAGER              Manager
CLARK                MANAGER              Manager
SCOTT                ANALYST              Analyst
KING                 PRESIDENT            President
TURNER               SALESMAN             Salesman
ADAMS                CLERK                Clerk
JAMES                CLERK                Clerk
FORD                 ANALYST              Analyst
MILLER               CLERK                Clerk

已选择14行。
```

LENGTH

Select LENGTH('sdjgldkgj') from dual;

```
SQL> Select LENGTH('sdjgldkgj')from dual;

LENGTH('SDJGLDKGJ')
-------------------
                  9
```

查询姓名长度为5的雇员编号、姓名、职务和工资：

Select empno, ename, job, sal from emp where length(ename)=5;

```
SQL> Select empno, ename, job, sal from emp where length(ename)=5;

     EMPNO ENAME                JOB                       SAL
---------- -------------------- ------------------ ----------
      7369 SMITH                CLERK                     800
      7499 ALLEN                SALESMAN                 1600
      7566 JONES                MANAGER                  9999
      7698 BLAKE                MANAGER                  2850
      7782 CLARK                MANAGER                  2450
      7788 SCOTT                ANALYST                  3000
      7876 ADAMS                CLERK                    1100
      7900 JAMES                CLERK                     950

已选择8行。
```

SUBSTR

Select SUBSTR('helloworld',6) from dual;

Select SUBSTR('helloworld',0,5) from dual;

Select SUBSTR('helloworld',1,5) from dual;

```
SQL> Select substr('helloworld',6)from dual;

SUBSTR('HE
----------
world

SQL> Select substr('helloworld',0,5)from dual;

SUBSTR('HE
----------
hello

SQL> Select substr('helloworld',1,5)from dual;

SUBSTR('HE
----------
hello
```

在Oracle中，SUBSTR函数的下标默认从1开始，如果参数设置为0，也默认从1开始。

要求截取每个职位的前三个字母作为职位缩写：

Select ename, job, SUBSTR(job,1,3) from emp;

```
SQL> Select ename, job, SUBSTR(job, 1, 3)from emp;

ENAME                JOB                SUBSTR(JOB, 1, 3)
-------------------- ------------------ -------------------------
SMITH                CLERK              CLE
ALLEN                SALESMAN           SAL
WARD                 SALESMAN           SAL
JONES                MANAGER            MAN
MARTIN               SALESMAN           SAL
BLAKE                MANAGER            MAN
CLARK                MANAGER            MAN
SCOTT                ANALYST            ANA
KING                 PRESIDENT          PRE
TURNER               SALESMAN           SAL
ADAMS                CLERK              CLE
JAMES                CLERK              CLE
FORD                 ANALYST            ANA
MILLER               CLERK              CLE

已选择14行。
```

取每个雇员姓名的后三位字母（比较以下三种用法）：

(1)Select ename, SUBSTR(ename, LENGTH(ename)－2) from emp;　//常规思路

```
SQL> Select ename, SUBSTR(ename, LENGTH(ename)-2)from emp;

ENAME                SUBSTR(ENAME, LENGTH(ENAME)-2)
-------------------- --------------------------------------------
SMITH                ITH
ALLEN                LEN
WARD                 ARD
JONES                NES
MARTIN               TIN
BLAKE                AKE
CLARK                ARK
SCOTT                OTT
KING                 ING
TURNER               NER
ADAMS                AMS
JAMES                MES
FORD                 ORD
MILLER               LER

已选择14行。
```

(2)Select ename, SUBSTR(ename, －3) from emp;

//Oracle 的特殊设置，负数表示从末尾截取几位

```
SQL> Select ename, SUBSTR(ename, -3)from emp;

ENAME                SUBSTR(ENAME, -3)
-------------------- -------------------------
SMITH                ITH
ALLEN                LEN
WARD                 ARD
JONES                NES
MARTIN               TIN
BLAKE                AKE
CLARK                ARK
SCOTT                OTT
KING                 ING
TURNER               NER
ADAMS                AMS
JAMES                MES
FORD                 ORD
MILLER               LER

已选择14行。
```

(3)Select ename, SUBSTR(ename, -3,2) from emp;

```
SQL> Select ename,SUBSTR(ename,-3,2)from emp;

ENAME                SUBSTR(ENAME,-3,
-------------------- ----------------
SMITH                IT
ALLEN                LE
WARD                 AR
JONES                NE
MARTIN               TI
BLAKE                AK
CLARK                AR
SCOTT                OT
KING                 IN
TURNER               NE
ADAMS                AM
JAMES                ME
FORD                 OR
MILLER               LE

已选择14行。
```

REPLACE

将所有雇员姓名中的大写字母 S 替换为小写字母 s：

Select REPLACE(ename, 'S', 's00s') from emp;

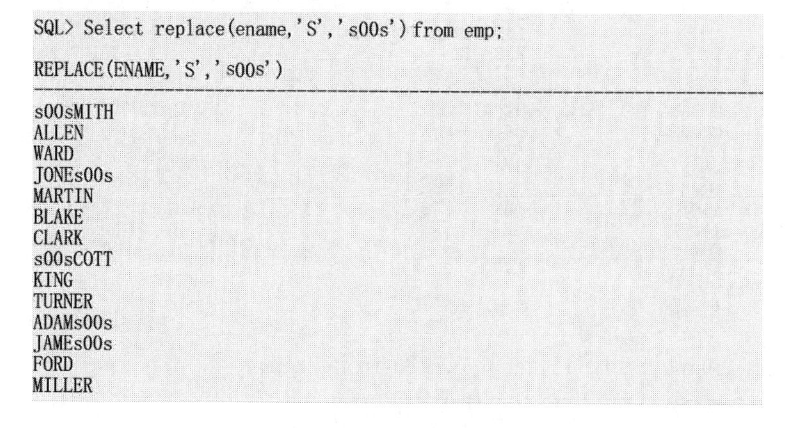

```
SQL> Select replace(ename,'S','s00s')from emp;

REPLACE(ENAME,'S','s00s')
------------------------------------------------------------
s00sMITH
ALLEN
WARD
JONEs00s
MARTIN
BLAKE
CLARK
s00sCOTT
KING
TURNER
ADAMs00s
JAMEs00s
FORD
MILLER
```

2.4.2 数值函数

数值函数主要进行数字的处理，最为核心的数值函数共有三个，见表 2-6。

表 2-6 数值函数

序号	函数名称	描述
1	数字 ROUND（列 | 数字 [，小数位]）	实现数据的四舍五入，可以设置保留小数位
2	数字 TRUNC（列 | 数字 [，小数位]）	实现数据的截取，不进位
3	数字 MOD（列 | 数字，列 | 数字）	求模，计算余数

实例操作：

ROUND

Select ROUND(467.4364576) from dual;　//467

```
SQL> Select round(467.4364576) from dual;
ROUND(467.4364576)
------------------
               467
```

如果没有设置小数点位数，那么默认保留到整数位。

Select ROUND(467.4364576,2) from dual;　//467.44

Select ROUND(467.4364576,−2) from dual;

//500　设置为负数意义不大

TRUNC

Select TRUNC(467.4364576),TRUNC(467.4364576,2),TRUNC(467.4364576,−2) from dual;

```
SQL> Select trunc(467.4364576),trunc(467.4364576,2),trunc(467.4364576,-2) from dual;
TRUNC(467.4364576) TRUNC(467.4364576,2) TRUNC(467.4364576,-2)
------------------ -------------------- ---------------------
               467               467.43                   400
```

MOD

Select MOD(10,3) from dual;　//1

```
SQL> Select mod(10,3) from dual;
 MOD(10,3)
----------
         1
```

2.4.3　日期函数

如果要对日期进行处理，那么首先必须获得当前日期（表 2−7）。Oracle 专门提供了一个伪列来实现“SYSDATE”（SYSTIMESTAMP）。

如果对日期进行操作，可以使用下列日期操作公式：

日期+数字=日期（表示若干天后的日期）

日期−数字=日期（表示若干天前的日期）

日期−日期=数字（天数）

表 2−7　日期函数

序号	函数名称	描述
1	日期 ADD_MONTHS（列 | 日期，月数）	在指定的日期后增加若干个月的日期
2	数字 MONTHS_BETWEEN（列 | 日期，列 | 日期）	返回两个日期之间所经历的月数
3	日期 LAST_DAY（列 | 日期）	取得指定日期所在月的最后一天
4	日期 NEXT_DAY（列 | 日期，星期 x）	返回下一个指定的一周时间数所对应的日期

实例操作：

实现日期的基本操作：

Select sysdate−5, sysdate+120 from dual;

计算从今天开始经过 14 个月之后的日期：

Select ADD_MONTHS(sysdate, 14) from dual;

求当前月的最后一天的日期：

Select LAST_DAY(sysdate) from dual;

求下个星期五的日期：

Select NEXT_DAY(sysdate, '星期五') from dual;

查找每个雇员的编号、姓名、职位，以及迄今为止被雇佣的天数：

Select empno, ename, job, sysdate−hiredate from emp;

```
SQL> Select empno, ename, job, sysdate-hiredate from emp;

     EMPNO ENAME                JOB                SYSDATE-HIREDATE
---------- -------------------- ------------------ ----------------
      7369 SMITH                CLERK                    14581.4933
      7499 ALLEN                SALESMAN                 14516.4933
      7521 WARD                 SALESMAN                 14514.4933
      7566 JONES                MANAGER                  14475.4933
      7654 MARTIN               SALESMAN                 14296.4933
      7698 BLAKE                MANAGER                  14446.4933
      7782 CLARK                MANAGER                  14407.4933
      7788 SCOTT                ANALYST                  12267.4933
      7839 KING                 PRESIDENT                14246.4933
      7844 TURNER               SALESMAN                 14316.4933
      7876 ADAMS                CLERK                    12233.4933
      7900 JAMES                CLERK                    14230.4933
      7902 FORD                 ANALYST                  14230.4933
      7934 MILLER               CLERK                    14179.4933

已选择14行。
```

注意，如果使用天数进行年或者月的计算，一定是不准确的。

计算雇员 BLAKE 迄今为止被雇佣的月数：

Select empno, ename, hiredate, months_between(sysdate, hiredate) from emp where ename='BLAKE';

Select empno, ename, hiredate, trunc(months_between(sysdate, hiredate)) hiremonths from emp where ename='BLAKE';

```
SQL> Select empno,ename,hiredate,months_between(sysdate,hiredate)from emp where ename = 'BLAKE';

     EMPNO ENAME                HIREDATE       MONTHS_BETWEEN(SYSDATE,HIREDATE)
---------- -------------------- -------------- --------------------------------
      7698 BLAKE                01-5月 -81                           474.592668

SQL> Select empno,ename,hiredate,trunc(months between(sysdate,hiredate)) hiremonths from emp where ename = 'BLAKE';

     EMPNO ENAME                HIREDATE       HIREMONTHS
---------- -------------------- -------------- ----------
      7698 BLAKE                01-5月 -81            474
```

查询是否存在满足在被雇佣日期所在月倒数第三天被雇佣条件的雇员信息。

第一步，查询雇员被雇佣日期所在月的最后一天日期。

Select empno, ename, hiredate, last_day(hiredate) from emp;

```
SQL> Select empno,ename,hiredate,last_day(hiredate)from emp;

     EMPNO ENAME                HIREDATE       LAST_DAY(HIRED
---------- -------------------- -------------- --------------
      7369 SMITH                17-12月-80     31-12月-80
      7499 ALLEN                20-2月 -81     28-2月 -81
      7521 WARD                 22-2月 -81     28-2月 -81
      7566 JONES                02-4月 -81     30-4月 -81
      7654 MARTIN               28-9月 -81     30-9月 -81
      7698 BLAKE                01-5月 -81     31-5月 -81
      7782 CLARK                09-6月 -81     30-6月 -81
      7788 SCOTT                19-4月 -87     30-4月 -87
      7839 KING                 17-11月-81     30-11月-81
      7844 TURNER               08-9月 -81     30-9月 -81
      7876 ADAMS                23-5月 -87     31-5月 -87
      7900 JAMES                03-12月-81     31-12月-81
      7902 FORD                 03-12月-81     31-12月-81
      7934 MILLER               23-1月 -82     31-1月 -82

已选择14行。
```

第二步，查询雇员被雇佣日期所在月的倒数第三天日期。

Select empno,ename,hiredate,last_day(hiredate)－2 from emp;

```
SQL> Select empno,ename,hiredate,last_day(hiredate)-2 from emp;

     EMPNO ENAME                HIREDATE       LAST_DAY(HIRED
---------- -------------------- -------------- --------------
      7369 SMITH                17-12月-80     29-12月-80
      7499 ALLEN                20-2月 -81     26-2月 -81
      7521 WARD                 22-2月 -81     26-2月 -81
      7566 JONES                02-4月 -81     28-4月 -81
      7654 MARTIN               28-9月 -81     28-9月 -81
      7698 BLAKE                01-5月 -81     29-5月 -81
      7782 CLARK                09-6月 -81     28-6月 -81
      7788 SCOTT                19-4月 -87     28-4月 -87
      7839 KING                 17-11月-81     28-11月-81
      7844 TURNER               08-9月 -81     28-9月 -81
      7876 ADAMS                23-5月 -87     29-5月 -87
      7900 JAMES                03-12月-81     29-12月-81
      7902 FORD                 03-12月-81     29-12月-81
      7934 MILLER               23-1月 -82     29-1月 -82

已选择14行。
```

第三步，进行数据筛选。

Select empno,ename,hiredate,last_day(hiredate)－2

from emp

where hiredate=last_day(hiredate)－2;

```
SQL> Select empno,ename,hiredate,last_day(hiredate)-2
  2  from emp
  3  where hiredate=last_day(hiredate)-2;

     EMPNO ENAME                HIREDATE       LAST_DAY(HIRED
---------- -------------------- -------------- --------------
      7654 MARTIN               28-9月 -81     28-9月 -81
```

计算雇员 7698 从 1981 年 5 月 1 日被雇佣，到今天为止共被雇佣了多少年，多少月，多少天；要求以年、月、日的方式展示每个雇员从被雇佣到现在为止的雇佣情况。

第一步，计算每个雇员被雇佣了多少年。

Select empno,ename,hiredate,sysdate,

trunc(months_between(sysdate,hiredate)/12) hireyears

from emp;

```
SQL> Select empno, ename, hiredate, sysdate,
  2  trunc(months_between(sysdate, hiredate)/12) hireyears
  3   from emp;

     EMPNO ENAME                HIREDATE       SYSDATE        HIREYEARS
---------- -------------------- -------------- -------------- ----------
      7369 SMITH                17-12月-80     19-11月-20             39
      7499 ALLEN                20-2月 -81     19-11月-20             39
      7521 WARD                 22-2月 -81     19-11月-20             39
      7566 JONES                02-4月 -81     19-11月-20             39
      7654 MARTIN               28-9月 -81     19-11月-20             39
      7698 BLAKE                01-5月 -81     19-11月-20             39
      7782 CLARK                09-6月 -81     19-11月-20             39
      7788 SCOTT                19-4月 -87     19-11月-20             33
      7839 KING                 17-11月-81     19-11月-20             39
      7844 TURNER               08-9月 -81     19-11月-20             39
      7876 ADAMS                23-5月 -87     19-11月-20             33
      7900 JAMES                03-12月-81     19-11月-20             38
      7902 FORD                 03-12月-81     19-11月-20             38
      7934 MILLER               23-1月 -82     19-11月-20             38

已选择14行。
```

第二步，计算雇佣的年和月。

select empno, ename, hiredate, sysdate,

trunc(months _ between(sysdate, hiredate)/12) hireyears,

trunc(mod(months _ between(sysdate, hiredate), 12)) hiremonths

from emp;

```
SQL> Select empno, ename, hiredate, sysdate,
  2  trunc(months_between(sysdate, hiredate)/12) hireyears ,
  3  trunc(mod(months_between(sysdate, hiredate), 12)) hiremonths
  4  from emp;

     EMPNO ENAME                HIREDATE       SYSDATE         HIREYEARS HIREMONTHS
---------- -------------------- -------------- -------------- ---------- ----------
      7369 SMITH                17-12月-80     19-11月-20             39         11
      7499 ALLEN                20-2月 -81     19-11月-20             39          8
      7521 WARD                 22-2月 -81     19-11月-20             39          8
      7566 JONES                02-4月 -81     19-11月-20             39          7
      7654 MARTIN               28-9月 -81     19-11月-20             39          1
      7698 BLAKE                01-5月 -81     19-11月-20             39          6
      7782 CLARK                09-6月 -81     19-11月-20             39          5
      7788 SCOTT                19-4月 -87     19-11月-20             33          7
      7839 KING                 17-11月-81     19-11月-20             39          0
      7844 TURNER               08-9月 -81     19-11月-20             39          2
      7876 ADAMS                23-5月 -87     19-11月-20             33          5
      7900 JAMES                03-12月-81     19-11月-20             38         11
      7902 FORD                 03-12月-81     19-11月-20             38         11
      7934 MILLER               23-1月 -82     19-11月-20             38          9

已选择14行。
```

第三步，求出雇佣的天数。

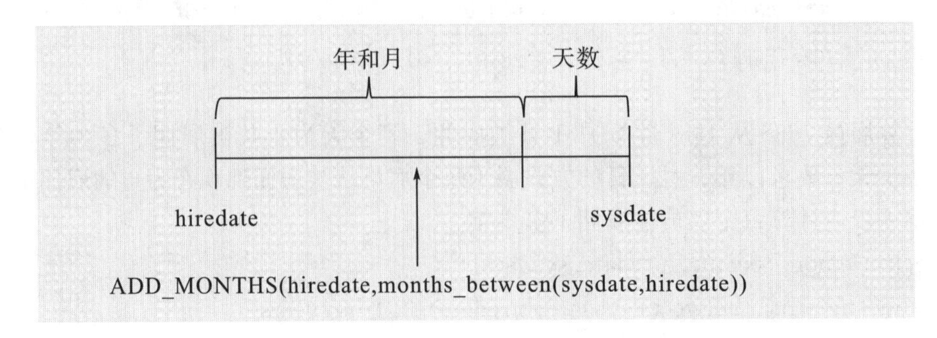

直接用 sysdate−hiredate 不可以，必须去除经过的年和月，求剩余的天数。

Select empno, ename, hiredate, sysdate,

trunc(months _ between(sysdate, hiredate)/12) hireyears,

trunc(mod(months _ between(sysdate, hiredate), 12)) hiremonths,

trunc (sysdate − add _ months (hiredate, months _ between (sysdate, hiredate))) hiredays

from emp;

```
SQL> Select empno, ename, hiredate, sysdate,
  2  trunc(months_between(sysdate,hiredate)/12) hireyears ,
  3  trunc(mod(months_between(sysdate,hiredate),12)) hiremonths,
  4  trunc(sysdate-add_months(hiredate,months_between(sysdate,hiredate))) hiredays
  5  from emp;

     EMPNO ENAME                HIREDATE       SYSDATE         HIREYEARS HIREMONTHS   HIREDAYS
---------- -------------------- -------------- -------------- ---------- ---------- ----------
      7369 SMITH                17-12月-80     19-11月-20             39         11          2
      7499 ALLEN                20-2月 -81     19-11月-20             39          8         30
      7521 WARD                 22-2月 -81     19-11月-20             39          8         28
      7566 JONES                02-4月 -81     19-11月-20             39          7         17
      7654 MARTIN               28-9月 -81     19-11月-20             39          1         22
      7698 BLAKE                01-5月 -81     19-11月-20             39          6         18
      7782 CLARK                09-6月 -81     19-11月-20             39          5         10
      7788 SCOTT                19-4月 -87     19-11月-20             33          7          0
      7839 KING                 17-11月-81     19-11月-20             39          0          2
      7844 TURNER               08-9月 -81     19-11月-20             39          2         11
      7876 ADAMS                23-5月 -87     19-11月-20             33          5         27
      7900 JAMES                03-12月-81     19-11月-20             38         11         16
      7902 FORD                 03-12月-81     19-11月-20             38         11         16
      7934 MILLER               23-1月 -82     19-11月-20             38          9         27

已选择14行。
```

2.4.4　转换函数

对于数字型、字符串型、日期型，这些数据在转换时需要以下几种转换函数（表2−8）。

表2−8　转换函数

序号	函数名称	描述
1	字符串 TO _ CHAR（列｜数字｜日期，转换格式）	将日期或数字转换为指定结构的字符串
2	日期 TO _ DATE（列｜字符串，转换格式）	将指定格式的字符串转换为日期型数据
3	数字 TO _ NUMBER（列｜字符串）	将字符串转换为数字

（1）TO _ CHAR：如果将日期或数字转换为字符串，必须清楚转换格式。

- 日期：年（yyyy）、月（mm）、日（dd）
- 时间：时（hh/hh24）、分（mi）、秒（ss）
- 数字：任意数字（9）

实例操作：

把当前日期转换成“年−月−日”形式：

Select to _ char(sysdate, 'yyyy−mm−dd') from dual;

TO _ CHAR(SYSDATE, 'YYYY−MM−DD')

−−−−−−−−−−−−−−−−−−−

2020－05－26

把当前日期转换成“年－月－日 时:分:秒”形式:

Select to _ char(sysdate, 'yyyy－mm－dd hh:mi:ss') from dual;

TO _ CHAR(SYSDATE, 'YYYY－MM－DD HH:MI:SS')

－－－－－－－－－－－－－－－－－－－－－－－－－－－－－－－－－－

2020－05－26 09:54:55

把当前日期转换成“年－月－日 时:分:秒”形式(24 小时制)

Select to _ char(sysdate, 'yyyy－mm－dd hh24:mi:ss') from dual;

TO _ CHAR(SYSDATE, 'YYYY－MM－DD HH24:MI:SS'

－－－－－－－－－－－－－－－－－－－－－－－－－－－－－－－－－－

2020－05－26 21:56:13

分别求出当前日期的年、月、日。

Select to _ char(sysdate, 'yyyy'), to _ char(sysdate, 'mm'), to _ char(sysdate, 'dd')

from dual;

TO _ CHAR(SYSDATE, 'YYYY'), TO _ CHAR(SYSDATE, 'MM'), TO _ CHAR(SYSDATE, 'DD')

－－－－－－－－－ －－－－ －－

2020　　05　26

查询雇佣日期在 5 月份的所有雇员的编号、姓名、雇佣日期:

Select empno, ename, hiredate from emp where to _ char(hiredate, 'mm')=5;

EMPNO ENAME　　　　　　HIREDATE

－－－－－－－－－－－－－－－－－－－－－－－－－－－－

7698　　BLAKE　　　　　　01－5 月－81

7876　　ADAMS　　　　　　23－5 月－87

Select empno, ename, hiredate from emp where to _ char(hiredate, 'mm')='05';

Oracle 可以自动转换格式，类型不匹配时会自动完成转换再行比较。因此，5 和 05 会自动转换，两条命令的执行结果相同。

将一串数字转换为货币格式:

SQL> Select to _ char(23543645767, 'L999,999,999,999') from dual;

TO _ CHAR(23543645767, 'L999,999,999,999')

－－－－－－－－－－－－－－－－－－－－－－－－－－－－

　　　　￥23,543,645,767

(2)TO _ DATE:将字符串转换为日期型数据。

SQL> Select to _ date('2020－11－19', 'yyyy－mm－dd') from dual;

TO _ DATE('2020－11－19', 'YYYY－MM－DD')

－－－－－－－－－－－

19－11 月－20

(3)TO_NUMBER:将字符串转换为数字。

```
SQL> Select to_number('123')+to_number('332') from dual;
TO_NUMBER('123')+TO_NUMBER('332')
---------------------------------
                              455
SQL> Select '1'+'2'from dual;              //3
'1'+'2'
----
     3
```

Oracle 默认进行自动格式转换，一般不需要再执行 TO_NUMBER 了。

2.4.5　通用函数

通用函数主要指 Oracle 的特色函数，表 2-9 中列出了两个常用的通用函数。

表 2-9　通用函数

序号	函数名称	描述
1	数字 NVL（列 | NULL，默认值）	如果传入的数值是 NULL，则使用默认值处理；如果不是 NULL，则使用原始数值处理
2	数据类型 DECODE（列 | 字符串 | 数值，比较内容 1，显示内容 1，比较内容 2，显示内容 2，…，[，默认显示内容]）	设置的内容会与每一个比较内容进行比较，如果相同则使用显示内容输出；如果都不相同，则使用默认显示内容输出。比较内容和显示内容必须成对出现

实例操作：

NVL：计算所有雇员的年薪（包括奖金）

Select empno, ename, sal, comm, (sal+comm) * 12 from emp;

```
SQL> Select empno,ename,sal,comm,(sal+comm)*12 from emp;

     EMPNO ENAME                       SAL       COMM (SAL+COMM)*12
---------- -------------------- ---------- ---------- -------------
      7369 SMITH                       800
      7499 ALLEN                      1600        300         22800
      7521 WARD                       1250        500         21000
      7566 JONES                      9999
      7654 MARTIN                     1250       1400         31800
      7698 BLAKE                      2850
      7782 CLARK                      2450
      7788 SCOTT                      3000
      7839 KING                       5000
      7844 TURNER                     1500          0         18000
      7876 ADAMS                      1100
      7900 JAMES                       950
      7902 FORD                       3000
      7934 MILLER                     1300

已选择14行。
```

当 comm 为 NULL 时，其参与的所有计算结果都为 NULL。因此第一条 SQL 语句不合适。

Select empno, ename, sal, comm, (sal+NVL(comm, 0)) * 12 from emp;

```
SQL> Select empno, ename, sal, comm, (sal+NVL(comm, 0))*12 from emp;

     EMPNO ENAME                       SAL       COMM (SAL+NVL(COMM,0))*12
---------- -------------------- ---------- ---------- --------------------
      7369 SMITH                       800                            9600
      7499 ALLEN                      1600        300                22800
      7521 WARD                       1250        500                21000
      7566 JONES                      9999                          119988
      7654 MARTIN                     1250       1400                31800
      7698 BLAKE                      2850                           34200
      7782 CLARK                      2450                           29400
      7788 SCOTT                      3000                           36000
      7839 KING                       5000                           60000
      7844 TURNER                     1500          0                18000
      7876 ADAMS                      1100                           13200
      7900 JAMES                       950                           11400
      7902 FORD                       3000                           36000
      7934 MILLER                     1300                           15600

已选择14行。
```

DECODE：类似于 if…else，但不能比较关系，只能比较结果是否相同。

将职位分别为'CLERK'，'SALESMAN'，'MANAGER'的雇员的相关职位替换为'办事员'，'销售员'，其余用"———"表示，显示雇员姓名、职位以及替换后的职位名称。

Select ename, job,

DECODE(job, 'CLERK', '办事员', 'SALESMAN', '销售员', '———')职位

from emp where job in ('CLERK', 'SALESMAN', 'MANAGER');

```
已选择11行。

SQL> Select ename, job,
  2  DECODE(job,'CLERK','办事员','SALESMAN','销售员',  '---') 职位
  3  from emp where job in  ('CLERK','SALESMAN','MANAGER') ;

ENAME                JOB                  职位
-------------------- -------------------- ----------------
SMITH                CLERK                办事员
ALLEN                SALESMAN             销售员
WARD                 SALESMAN             销售员
JONES                MANAGER              ---
MARTIN               SALESMAN             销售员
BLAKE                MANAGER              ---
CLARK                MANAGER              ---
TURNER               SALESMAN             销售员
ADAMS                CLERK                办事员
JAMES                CLERK                办事员
MILLER               CLERK                办事员

已选择11行。
```

第3章　多表查询

在 Oracle 中，通过连接运算符可以实现多个表的查询。连接是关系数据库模型的主要特点，也是它区别于其他类型数据库管理系统的一个标志。

3.1　多表查询的实现

在关系数据库管理系统中，建表时各数据之间的关系不用确定，只需把一个实体的所有信息存放在一个表中。当检索数据时，可通过连接操作查询出存放在多个表中的不同实体的信息。连接操作给用户带来很大的灵活性，它们可以在任何时候增加新的数据类型，为不同实体创建新的表，然后通过连接进行查询。

```
SELECT{DISTINCT} * | 查询列 1 别名 1,查询列 2 别名 2,…
FROM 表名称 1 别名 1,表名称 2 别名 2,…
{WHERE 条件(s)}
{ORDER BY 排序字段 ASC | DESC,排序字段 ASC | DESC,…}
```

3.2　笛卡尔积的处理

笛卡尔积是关系代数里的一个概念，表示两个表中的每一行数据任意组合。笛卡尔积在 SQL 中的实现方式是交叉连接（Cross Join），所有连接方式都会先生成一个笛卡尔积表。在实际应用中，笛卡尔积大多数情况下没有什么实际用处，只有在两个表连接时加上限制条件，才会有实际意义。

将两张表的记录进行一个相乘的操作，查询得到的结果就是笛卡尔积，如果左表有 n 条记录，右表有 m 条记录，笛卡尔积会查询出 $n \cdot m$ 条记录，其中往往包含了很多重复的数据。另外，表中的数据越多，笛卡尔积就会越大，因此多表查询在开发中是不建议过多使用的。

要想去掉笛卡尔积就必须使用字段关联操作。

在进行多表查询时，不同的数据表可能会有相同的列名称，因此一般相同的列被称为关联字段。必须在列名前加上表名，例如 emp. deptno。

实例操作：

显示 emp 和 dept 两个表中的所有数据信息：

```
SELECT * FROM emp, dept where emp.deptno=dept.deptno;
```

以上代码只是消除了显式的笛卡尔积，在数据库多表查询中，笛卡尔积会一直存在。有数据表就有笛卡尔积。多表查询的效率通常很差，数据量小的时候才适合使用，对于海量数据应避免使用。

如果表名称特别长，就不适合使用 emp. deptno 的形式，最好还是使用别名。

```
SELECT * FROM emp e, dept d where e.deptno=d.deptno;
```

要实现多表查询，前提是要有关联字段或者关联条件，否则不能实现。

实例操作：

统计 emp 表中的数据量：Select count（*）from emp;　　--14

统计 dept 表中的数据量：Select count（*）from dept;　　--4

实现多表查询，显示两个表中的所有数据：

Select * from emp, dept;

两个表中数据的乘积（笛卡尔积）是 14×4=56，即共有 56 条记录。

Select e. empno, e. ename, e. deptno, d. dname, d. loc from emp e, dept d where e. deptno=d. deptno;

```
SQL> Select e.empno, e.ename, e.deptno, d.dname, d.loc from emp e, dept d where e.deptno=d.deptno;

     EMPNO ENAME                    DEPTNO DNAME                        LOC
---------- -------------------- ---------- ---------------------------- -------------------
      7782 CLARK                        10 ACCOUNTING                   NEW YORK
      7839 KING                         10 ACCOUNTING                   NEW YORK
      7934 MILLER                       10 ACCOUNTING                   NEW YORK
      7566 JONES                        20 RESEARCH                     DALLAS
      7902 FORD                         20 RESEARCH                     DALLAS
      7876 ADAMS                        20 RESEARCH                     DALLAS
      7788 SCOTT                        20 RESEARCH                     DALLAS
      7521 WARD                         30 SALES                        CHICAGO
      7844 TURNER                       30 SALES                        CHICAGO
      7499 ALLEN                        30 SALES                        CHICAGO
      7900 JAMES                        30 SALES                        CHICAGO
      7698 BLAKE                        30 SALES                        CHICAGO
      7654 MARTIN                       30 SALES                        CHICAGO
      7369 SMITH                        40 OPERATIONS                   BOSTON

已选择14行。
```

（1）显示所有雇员的编号、姓名、职位、雇佣日期、部门名称。

分析：确定要使用的数据表：emp, dept

确定要使用的关联字段：emp. deptno=dept. deptno

①查询雇员的编号、姓名、职位、雇佣日期。

Select e. empno, e. ename, e. job, e. hiredate from emp e;

```
SQL> Select e.empno,e.ename,e.job,e.hiredate from emp e;

     EMPNO ENAME                JOB                HIREDATE
---------- -------------------- ------------------ --------------
      7369 SMITH                CLERK              17-12月-80
      7499 ALLEN                SALESMAN           20-2月 -81
      7521 WARD                 SALESMAN           22-2月 -81
      7566 JONES                MANAGER            02-4月 -81
      7654 MARTIN               SALESMAN           28-9月 -81
      7698 BLAKE                MANAGER            01-5月 -81
      7782 CLARK                MANAGER            09-6月 -81
      7788 SCOTT                ANALYST            19-4月 -87
      7839 KING                 PRESIDENT          17-11月-81
      7844 TURNER               SALESMAN           08-9月 -81
      7876 ADAMS                CLERK              23-5月 -87
      7900 JAMES                CLERK              03-12月-81
      7902 FORD                 ANALYST            03-12月-81
      7934 MILLER               CLERK              23-1月 -82

已选择14行。
```

②加入部门名称后需要两张表，这时必须消除笛卡尔积（使用WHERE子句消除显式的笛卡尔积）。

Select e.empno,e.ename,e.job,e.hiredate,d.dname from emp e,dept d
Where e.deptno=d.deptno;

```
SQL> Select e.empno,e.ename,e.job,e.hiredate,d.dname from emp e,dept d
  2  Where e.deptno=d.deptno;

     EMPNO ENAME                JOB                HIREDATE       DNAME
---------- -------------------- ------------------ -------------- ----------------
      7782 CLARK                MANAGER            09-6月 -81     ACCOUNTING
      7839 KING                 PRESIDENT          17-11月-81     ACCOUNTING
      7934 MILLER               CLERK              23-1月 -82     ACCOUNTING
      7566 JONES                MANAGER            02-4月 -81     RESEARCH
      7902 FORD                 ANALYST            03-12月-81     RESEARCH
      7876 ADAMS                CLERK              23-5月 -87     RESEARCH
      7788 SCOTT                ANALYST            19-4月 -87     RESEARCH
      7521 WARD                 SALESMAN           22-2月 -81     SALES
      7844 TURNER               SALESMAN           08-9月 -81     SALES
      7499 ALLEN                SALESMAN           20-2月 -81     SALES
      7900 JAMES                CLERK              03-12月-81     SALES
      7698 BLAKE                MANAGER            01-5月 -81     SALES
      7654 MARTIN               SALESMAN           28-9月 -81     SALES
      7369 SMITH                CLERK              17-12月-80     OPERATIONS

已选择14行。
```

（2）显示所有雇员的编号、姓名、职位、工资和工资等级。

分析：确定要使用的数据表：emp,salgrade

确定关联字段：（显示salgrade表的内容）

①查询雇员的编号、姓名、职位、工资。

Select e.empno,e.ename,e.job,e.sal from emp e;

```
SQL> Select e.empno,e.ename,e.job,e.sal from emp e;

     EMPNO ENAME                JOB                   SAL
---------- -------------------- ------------------ ----------
      7369 SMITH                CLERK                 800
      7499 ALLEN                SALESMAN             1600
      7521 WARD                 SALESMAN             1250
      7566 JONES                MANAGER              9999
      7654 MARTIN               SALESMAN             1250
      7698 BLAKE                MANAGER              2850
      7782 CLARK                MANAGER              2450
      7788 SCOTT                ANALYST              3000
      7839 KING                 PRESIDENT            5000
      7844 TURNER               SALESMAN             1500
      7876 ADAMS                CLERK                1100
      7900 JAMES                CLERK                 950
      7902 FORD                 ANALYST              3000
      7934 MILLER               CLERK                1300

已选择14行。
```

②引入 salgrade 表。

Select e.empno,e.ename,e.job,e.sal,s.grade

from emp e,salgrade s

where e.sal between s.losal and s.hisal;

```
SQL> Select e.empno,e.ename,e.job,e.sal,s.grade
  2      from emp e,salgrade s
  3      where e.sal between s.losal and s.hisal;

     EMPNO ENAME                JOB                   SAL      GRADE
---------- -------------------- ------------------ ---------- ----------
      7369 SMITH                CLERK                 800          1
      7900 JAMES                CLERK                 950          1
      7876 ADAMS                CLERK                1100          1
      7521 WARD                 SALESMAN             1250          2
      7654 MARTIN               SALESMAN             1250          2
      7934 MILLER               CLERK                1300          2
      7844 TURNER               SALESMAN             1500          3
      7499 ALLEN                SALESMAN             1600          3
      7782 CLARK                MANAGER              2450          4
      7698 BLAKE                MANAGER              2850          4
      7788 SCOTT                ANALYST              3000          4
      7902 FORD                 ANALYST              3000          4
      7839 KING                 PRESIDENT            5000          5
      7566 JONES                MANAGER              9999          5

已选择14行。
```

(3) 显示所有雇员的编号、姓名、职位、工资、工资等级、部门名称。

分析：确定要使用的数据表：emp,dept,salgrade

确定关联字段：雇员与工资等级 e.sal between s.losal and s.hisal

雇员与部门 e.deptno=d.deptno

Select e.empno,e.ename,e.job,e.sal,s.grade,d.dname

from emp e,salgrade s,dept d

where (e.sal between s.losal and s.hisal) and (e.deptno=d.deptno);

```
SQL> Select e.empno,e.ename,e.job,e.sal,s.grade,d.dname
  2     from emp e,salgrade s,dept d
  3     where (e.sal between s.losal and s.hisal)and(e.deptno=d.deptno);

     EMPNO ENAME                JOB                        SAL      GRADE DNAME
---------- -------------------- ------------------ ---------- ---------- ----------------
      7566 JONES                MANAGER                   9999          5 RESEARCH
      7839 KING                 PRESIDENT                 5000          5 ACCOUNTING
      7788 SCOTT                ANALYST                   3000          4 RESEARCH
      7902 FORD                 ANALYST                   3000          4 RESEARCH
      7698 BLAKE                MANAGER                   2850          4 SALES
      7782 CLARK                MANAGER                   2450          4 ACCOUNTING
      7499 ALLEN                SALESMAN                  1600          3 SALES
      7844 TURNER               SALESMAN                  1500          3 SALES
      7934 MILLER               CLERK                     1300          2 ACCOUNTING
      7654 MARTIN               SALESMAN                  1250          2 SALES
      7521 WARD                 SALESMAN                  1250          2 SALES
      7876 ADAMS                CLERK                     1100          1 RESEARCH
      7900 JAMES                CLERK                      950          1 SALES
      7369 SMITH                CLERK                      800          1 OPERATIONS

已选择14行。
```

多表查询使用总结：①没有关联字段或关联条件的两张数据表是不能实现多表查询的；②多表查询时一定要分步骤解决问题。

3.3　数据表的连接操作

连接操作是关系数据库模型的主要特点，也是它区别于其他类型数据库管理系统的一个标志，通过连接运算符可以实现多个表查询。在关系数据库管理系统中，建表时各数据之间的关系不必确定，常把一个实体的所有信息存放在一个表中。当检索数据时，通过连接操作可查询出存放在多个表中的不同实体的信息。连接操作给用户带来很大的灵活性，他们可以在任何时候增加新的数据类型，为不同实体创建新的表，然后通过连接进行查询。

表的连接是指在一个 SQL 语句中通过表与表之间的关联，从一个或多个表中检索相关的数据。表与表之间的连接主要有 4 种，分别是内连接、外连接、不等连接和自连接。连接可以在 SELECT 语句的 FROM 子句或 WHERE 子句中建立，在 FROM 子句中指出连接时有助于将连接操作与 WHERE 子句中的搜索条件区分开来。

实例操作：

演示插入一条数据，并实现等值连接。

```
Insert into emp(empno,ename,job) values(8888,'张三','CLERK');
//已创建 1 行
Select e.empno,e.ename,e.job,d.dname from emp e,dept d
Where e.deptno=d.deptno;
```

```
SQL> Select e.empno,e.ename,e.job,d.dname from emp e,dept d
  2  Where e.deptno=d.deptno;

     EMPNO ENAME                JOB                  DNAME
---------- -------------------- -------------------- ----------------------

      7934 MILLER               CLERK                ACCOUNTING
      7839 KING                 PRESIDENT            ACCOUNTING
      7782 CLARK                MANAGER              ACCOUNTING
      7902 FORD                 ANALYST              RESEARCH
      7876 ADAMS                CLERK                RESEARCH
      7788 SCOTT                ANALYST              RESEARCH
      7566 JONES                MANAGER              RESEARCH
      7499 ALLEN                SALESMAN             SALES
      7900 JAMES                CLERK                SALES
      7844 TURNER               SALESMAN             SALES
      7698 BLAKE                MANAGER              SALES
      7654 MARTIN               SALESMAN             SALES
      7521 WARD                 SALESMAN             SALES
      7369 SMITH                CLERK                OPERATIONS

已选择14行。
```

只有当 WHERE 子句的条件满足后才会显示相应的数据；如果条件不满足，则查询结果为空，不能显示。此时不显示插入的编号 8888 的信息。

3.3.1 内连接

内连接也称等值连接，在 WHERE 子句中消除笛卡尔积的条件就是采用了内连接方式进行的。只有连接列上在两个表中都出现并且值相等的行才会出现在查询结果中。通过两个表具有相同意义的列，可以建立相等连接条件，所有满足条件的数据都会显示出来。

3.3.2 外连接

内连接中只能显示等值满足的条件，不满足的条件则无法显示，如果希望显示特定表中的全部数据就要用到外连接。在 Oracle 中，外连接使用“（+）”来表示。除了显示匹配相等连接条件的信息，还显示无法匹配相等连接条件的某个表的信息。外连接分为右外连接和左外连接。

（1）右外连接（右连接）。

左关系属性（+）=右关系属性

除了显示匹配相等连接条件的信息，还可以显示右条件所在的表中无法匹配相等连接条件的信息。

表示方法如下：

SELECT…FROM 表 1 RIGHT OUTER JOIN 表 2 ON 连接条件

实例操作：

对插入的数据实现右外连接。

Select e.empno,e.ename,e.job,d.dname from emp e,dept d

Where e.deptno(+)=d.deptno;

此时，张三由于没有部门信息而不被显示。

```
SQL> Select e.empno,e.ename,e.job,d.dname from emp e,dept d
  2  Where e.deptno(+)=d.deptno;

     EMPNO ENAME                JOB                  DNAME
---------- -------------------- -------------------- --------------------
      7934 MILLER               CLERK                ACCOUNTING
      7839 KING                 PRESIDENT            ACCOUNTING
      7782 CLARK                MANAGER              ACCOUNTING
      7902 FORD                 ANALYST              RESEARCH
      7876 ADAMS                CLERK                RESEARCH
      7788 SCOTT                ANALYST              RESEARCH
      7566 JONES                MANAGER              RESEARCH
      7499 ALLEN                SALESMAN             SALES
      7900 JAMES                CLERK                SALES
      7844 TURNER               SALESMAN             SALES
      7698 BLAKE                MANAGER              SALES
      7654 MARTIN               SALESMAN             SALES
      7521 WARD                 SALESMAN             SALES
      7369 SMITH                CLERK                OPERATIONS

已选择14行。
```

（2）左外连接（左连接）。

左关系属性=右关系属性（+）

除了显示匹配相等连接条件的信息，还可以显示左条件所在的表中无法匹配相等连接条件的信息。

表示方法如下：

SELECT…FROM 表 1 LEFT OUTER JOIN 表 2 ON 连接条件

实例操作：

对插入的数据实现左外连接。

Select e.empno,e.ename,e.job,d.dname from emp e,dept d

Where e.deptno=d.deptno(+);

此时，所有数据正常显示，张三由于数据不全，部门信息为空。

```
SQL> Select e.empno,e.ename,e.job,d.dname from emp e,dept d
  2  Where e.deptno=d.deptno(+);

     EMPNO ENAME                JOB                  DNAME
---------- -------------------- -------------------- --------------------
      7934 MILLER               CLERK                ACCOUNTING
      7839 KING                 PRESIDENT            ACCOUNTING
      7782 CLARK                MANAGER              ACCOUNTING
      7902 FORD                 ANALYST              RESEARCH
      7876 ADAMS                CLERK                RESEARCH
      7788 SCOTT                ANALYST              RESEARCH
      7566 JONES                MANAGER              RESEARCH
      7900 JAMES                CLERK                SALES
      7844 TURNER               SALESMAN             SALES
      7698 BLAKE                MANAGER              SALES
      7654 MARTIN               SALESMAN             SALES
      7521 WARD                 SALESMAN             SALES
      7499 ALLEN                SALESMAN             SALES
      7369 SMITH                CLERK                OPERATIONS
      8888 张三                 CLERK

已选择15行。
```

右外连接和左外连接并没有明确区分，可根据实际情况进行选择。

3.3.3 不等连接

可对两个表中的相关两列进行不等连接，比较符号一般为>，<，…，BETWEEN…AND…。

3.3.4 自连接

自连接是数据库中经常用到的连接方式，使用自连接可以将自身表的一个镜像当作另一个表来对待，从而能够得到一些特殊的数据。方法是将原表复制一份作为另一个表，两表进行笛卡尔相等连接。

实例操作：

要求显示所有雇员的编号、姓名、职位、工资、领导姓名。

分析：确定要使用的表：emp（雇员的编号、姓名、职位、工资），memp（领导（也是雇员）的姓名）

确定要使用的关联字段：雇员与领导的关系 emp.mgr=memp.empno

雇员数据emp.mgr=memp.empno雇员领导数据

empno	ename	mgr
7369	SMITH	7902
7902	FORD	7566
7566	JONES	7839
7839	KING	
7499	ALLEN	7698
7698	BLAKE	7839

empno	ename	mgr
7369	SMITH	7902
7902	FORD	7566
7566	JONES	7839
7839	KING	
7499	ALLEN	7698
7698	BLAKE	7839

第一步，实现 emp 表的自身关联。

```
Select e.empno,e.ename,e.job,e.sal,m.ename
from emp e,emp m
where e.mgr=m.empno;
```

```
SQL> Select e.empno,e.ename,e.job,e.sal,m.ename from emp e,emp m where e.mgr=m.empno;

     EMPNO ENAME                JOB                      SAL ENAME
---------- -------------------- ------------------ ---------- --------------------
      7902 FORD                 ANALYST                 3000 JONES
      7788 SCOTT                ANALYST                 3000 JONES
      7844 TURNER               SALESMAN                1500 BLAKE
      7499 ALLEN                SALESMAN                1600 BLAKE
      7521 WARD                 SALESMAN                1250 BLAKE
      7900 JAMES                CLERK                    950 BLAKE
      7654 MARTIN               SALESMAN                1250 BLAKE
      7934 MILLER               CLERK                   1300 CLARK
      7876 ADAMS                CLERK                   1100 SCOTT
      7698 BLAKE                MANAGER                 2850 KING
      7566 JONES                MANAGER                 9999 KING
      7782 CLARK                MANAGER                 2450 KING
      7369 SMITH                CLERK                    800 FORD

已选择13行。
```

第二步，使用外连接处理数据显示（注意观察）。

```
Select e.empno,e.ename,e.job,e.sal,m.ename
```

```
from emp e,emp m
where e.mgr=m.empno(+);
```

```
SQL> Select e.empno,e.ename,e.job,e.sal,m.ename
  2  from emp e,emp m
  3  where e.mgr=m.empno(+);

     EMPNO ENAME                JOB                    SAL ENAME
---------- -------------------- ------------------ ---------- --------------------
      7902 FORD                 ANALYST               3000 JONES
      7788 SCOTT                ANALYST               3000 JONES
      7900 JAMES                CLERK                  950 BLAKE
      7844 TURNER               SALESMAN              1500 BLAKE
      7654 MARTIN               SALESMAN              1250 BLAKE
      7521 WARD                 SALESMAN              1250 BLAKE
      7499 ALLEN                SALESMAN              1600 BLAKE
      7934 MILLER               CLERK                 1300 CLARK
      7876 ADAMS                CLERK                 1100 SCOTT
      7782 CLARK                MANAGER               2450 KING
      7698 BLAKE                MANAGER               2850 KING
      7566 JONES                MANAGER               9999 KING
      7369 SMITH                CLERK                  800 FORD
      7839 KING                 PRESIDENT             5000
      8888 张三                 CLERK

已选择15行。
```

这样的操作过程称为数据表的自身关联。不管是不是自身关联，程序只须判断 FROM 子句之后是否有多个数据表。只要有多个数据表，就必须写出消除笛卡尔积的 WHERE 条件。

3.4　数据的集合操作

在 Oracle 中提供了三种类型的集合操作：交集 INTERSECT、并集 UNION/UNION ALL、差集 MINUS（第 1 个查询结果减去第 2 个查询结果）。

- UNION：将多个查询结果组合到一个查询结果中，并去掉重复值。
- UNION ALL：将多个查询结果组合到一个查询结果中，可能包括重复值。
- INTERSECT：返回多个查询结果中相同的部分。
- MINUS：返回两个查询结果的差集。

语法格式如下：

```
SELECT[DISTINCT] * | 列名称[别名],列名称[别名],…
FORM 表名称[别名]
[WHERE 过滤条件(s)]
[ORDER BY 字段[ASC | DESC],字段[ASC | DESC],…]
UNION/UNION ALL/INTERSECT/MINUS
SELECT[DISTINCT] * | 列名称[别名],列名称[别名],…
FORM 表名称[别名]
[WHERE 过滤条件(s)]
[ORDER BY 字段[ASC | DESC],字段[ASC | DESC],…]…;
```

实例操作：

(1)Select ename, job, sal from emp where deptno=20
UNION
Select ename, job, sal from emp;

```
SQL> Select ename, job, sal from emp where deptno=20
  2      UNION
  3          select ename, job, sal from emp;

ENAME                JOB                      SAL
-------------------- ------------------ ---------
ADAMS                CLERK                   1100
ALLEN                SALESMAN                1600
BLAKE                MANAGER                 2850
CLARK                MANAGER                 2450
FORD                 ANALYST                 3000
JAMES                CLERK                    950
JONES                MANAGER                 9999
KING                 PRESIDENT               5000
MARTIN               SALESMAN                1250
MILLER               CLERK                   1300
SCOTT                ANALYST                 3000
SMITH                CLERK                    800
TURNER               SALESMAN                1500
WARD                 SALESMAN                1250

已选择14行。
```

此时将两个查询结果合并到一起，但是 UNION 的效果是直接去掉重复数据。

(2)Select ename, job, sal from emp where deptno=20
UNION ALL
Select ename, job, sal from emp;

```
SQL> Select ename, job, sal from emp where deptno=20
  2      UNION ALL
  3          select ename, job, sal from emp;

ENAME                JOB                      SAL
-------------------- ------------------ ---------
JONES                MANAGER                 9999
SCOTT                ANALYST                 3000
ADAMS                CLERK                   1100
FORD                 ANALYST                 3000
SMITH                CLERK                    800
ALLEN                SALESMAN                1600
WARD                 SALESMAN                1250
JONES                MANAGER                 9999
MARTIN               SALESMAN                1250
BLAKE                MANAGER                 2850
CLARK                MANAGER                 2450
SCOTT                ANALYST                 3000
KING                 PRESIDENT               5000
TURNER               SALESMAN                1500
ADAMS                CLERK                   1100
JAMES                CLERK                    950
FORD                 ANALYST                 3000
MILLER               CLERK                   1300

已选择18行。
```

此时所有结果都会被显示。

(3)Select ename,job,sal from emp where deptno=20

INTERSECT

Select ename,job,sal from emp;

```
SQL> select ename, job, sal from emp where deptno=20
  2      INTERSECT
  3          Select ename, job, sal from emp;

ENAME                JOB                     SAL
-------------------- ------------------ ----------
ADAMS                CLERK                  1100
FORD                 ANALYST                3000
JONES                MANAGER                9999
SCOTT                ANALYST                3000
```

此时显示交集的结果。

(4)Select ename,job,sal from emp where deptno=20

MINUS

Select ename,job,sal from emp;

此时显示差集的结果。

(5)Select ename,job,sal from emp where deptno=20

MINUS

Select ename,job,sal from emp;

```
SQL> Select ename, job, sal from emp where deptno=20
  2      MINUS
  3          Select ename, job, sal from emp;

未选定行

SQL> Select ename, job, sal from emp
  2      MINUS
  3          Select ename, job, sal from emp where deptno=20;

ENAME                JOB                     SAL
-------------------- ------------------ ----------
ALLEN                SALESMAN               1600
BLAKE                MANAGER                2850
CLARK                MANAGER                2450
JAMES                CLERK                   950
KING                 PRESIDENT              5000
MARTIN               SALESMAN               1250
MILLER               CLERK                  1300
SMITH                CLERK                   800
TURNER               SALESMAN               1500
WARD                 SALESMAN               1250

已选择10行。
```

此时仍然显示差集的结果。

第4章　分组统计

4.1　组函数

与单行函数相比，Oracle提供了丰富的基于组的、多行的函数，统称为统计函数或者组函数。

4.1.1　常用的组函数

- avg（）：求平均值。
- count（）：求全部的记录数。
- max（）：求一组数中的最大值。
- min（）：求一组数中的最小值。
- sum（）：求和。
- stddev（）：求标准差。
- variance（）：求方差。

4.1.2　组函数出现的位置

- SELECT后面。
- HAVING后面。
- ORDER BY后面。
- WHERE后面一定不能出现组函数。

如果SELECT/HAVING语句后面出现了组函数，那么SELECT/HAVING后面没有被组函数修饰的列，该列就必须出现在GROUP BY后面。

实例操作：

（1）统计emp表中部门10的雇员个数。

```
Select count(*) from emp where deptno=10;
COUNT(*)
--------
       3
```

（2）统计emp表中能领到奖金的雇员个数。

```
Select count(comm) from emp;
```

COUNT(COMM)

——————————

4

当 COUNT 后接某个字段时，如果这个字段不为空就算作一个记录。

(3) 统计 emp 表中该公司的部门数。

Select count(distinct deptno) from emp;

COUNT(DISTINCT DEPTNO)

———————————————————

4

(4) 统计所有雇员的最高工资、最低工资、总工资和平均工资。

Select max(sal),min(sal),sum(sal),avg(sal) from emp;

```
SQL> Select max(sal),min(sal),sum(sal),avg(sal) from emp;

  MAX(SAL)   MIN(SAL)   SUM(SAL)   AVG(SAL)
---------- ---------- ---------- ----------
      9999        800      36049 2574.92857
```

(5) 统计所有雇员中最早雇佣和最晚雇佣的日期。

Select max(hiredate),min(hiredate) from emp;

MAX(HIREDATE)　MIN(HIREDATE)

———————————　—————————

23—5 月—87　　17—12 月—80

(6) 统计所有雇员的平均工作年限。

Select months _ between(sysdate,hiredate)/12 from emp;

```
SQL> Select months_between(sysdate,hiredate)/12 from emp;

MONTHS_BETWEEN(SYSDATE,HIREDATE)/12
-----------------------------------
                         39.9365437
                         39.7618125
                         39.7564361
                         39.6435329
                         39.1569738
                         39.5628878
                         39.4580491
                          33.597834
                          39.019877
                         39.2107372
                          33.503748
                         38.9741781
                         38.9741781
                         38.8370813

已选择14行。
```

Select avg(months _ between(sysdate,hiredate)/12) from emp;

```
SQL> Select avg(months_between(sysdate,hiredate)/12) from emp;
AVG(MONTHS_BETWEEN(SYSDATE,HIREDATE)/12)
----------------------------------------
                               38.528134
```

Select trunc(avg(months _ between(sysdate,hiredate)/12)) AVGYears
from emp;

```
SQL> Select trunc(avg(months_between(sysdate,hiredate)/12)) AVGYears from emp;
  AVGYEARS
----------
        38
```

COUNT(*)，COUNT(字段)，COUNT(DISTINCT 字段）的区别：

- COUNT(*)：精确返回表中的数据个数，最准确。
- COUNT(字段)：不统计该字段为 NULL 的数据个数，例如 Count(COMM)。
- COUNT(DISTINCT 字段)：统计该字段消除重复数据后的数据个数。

4.2 分组统计查询

4.2.1 分组统计查询语法

能够分组的数据一定具有某些共性，只有当两个列有重复数据时才能进行分组。使用 GROUP BY 进行分组时的语法格式如下：

```
SELECT{DISTINCT} * | 查询列 1  别名 1,查询列 2  别名 2,…
FORM 表名称 1  别名 1,表名称 2  别名 2,…
{WHERE 过滤条件(s)}
{GROUP BY 分组字段,分组字段,…}
{ORDER BY 字段[ASC | DESC],字段[ASC | DESC],…};
```

首先通过 FROM 确定数据来源，通过 WHERE 筛选满足条件的数据行。然后针对数据实现分组，利用 SELECT 控制要显示的数据列。最后针对查询结果进行排序。

实例操作：

要求统计出每个职位的名称、人数、平均工资。

分析：只要按照职位名称分组，显示相应的统计结果就可以。

Select job,count(empno),avg(sal)
from emp
group by job;

```
SQL> Select job,count(empno),avg(sal)
  2  From emp
  3  Group by job;

JOB                 COUNT(EMPNO)   AVG(SAL)
------------------  ------------  ----------
CLERK                          4     1037.5
SALESMAN                       4       1400
PRESIDENT                      1       5000
MANAGER                        3 5099.66667
ANALYST                        2       3000
```

要求统计每个部门的编号、人数以及最高工资和最低工资。

Select deptno,count(empno),max(sal),min(sal)

from emp

group by deptno;

```
SQL> Select deptno,count(empno),max(sal),min(sal)
  2  From emp
  3  Group by deptno;

    DEPTNO COUNT(EMPNO)   MAX(SAL)   MIN(SAL)
---------- ------------ ---------- ----------
        30            6       2850        950
        20            4       9999       1100
        40            1        800        800
        10            3       5000       1300
```

在进行分组查询时有以下要求：

要求一：在没有 GROUP BY 子句时，SELECT 子句后只能用统计函数，不能是统计函数和其他字段一起出现。

Select count(empno),ename from emp;

第 1 行出现错误：

ORA－00937：不是单组分组函数

Select count(empno) from emp；－－正确代码

```
SQL>  Select count(empno) from emp;

COUNT(EMPNO)
------------
          14
```

要求二：在使用 GROUP BY 子句分组时，SELECT 子句中只允许出现分组字段与统计函数，不允许出现其他字段。

Select count(empno),job,deptno from emp group by job;

第 1 行出现错误：

ORA－00979：不是 GROUP BY 表达式

Select count(empno),job from emp group by job；－－正确代码

```
SQL> Select count(empno),job from emp group by job;

COUNT(EMPNO) JOB
------------ ------------------
           4 CLERK
           4 SALESMAN
           1 PRESIDENT
           3 MANAGER
           2 ANALYST
```

要求三：统计函数允许嵌套查询，但是嵌套之后的统计查询中，SELECT 子句里只能出现嵌套的统计函数，而不允许出现其他字段，包括统计字段。

Select deptno,avg(sal) from emp group by deptno;——正确代码

```
SQL> Select deptno,avg(sal) from emp group by deptno;

    DEPTNO   AVG(SAL)
---------- ----------
        30 1566.66667
        20    4274.75
        40        800
        10 2916.66667
```

Select deptno,max(avg(sal)) from emp group by deptno;

第 1 行出现错误：

ORA—00937：不是单组分组函数

Select max(avg(sal)) from emp group by deptno；——正确代码

```
SQL> Select max(avg(sal))from emp group by deptno;

MAX(AVG(SAL))
-------------
      4274.75
```

实例操作：

（1）查询每个部门的编号、名称、人数、平均工资。

- 确定要使用的数据表：

dept 表（部门编号，名称）

emp 表（统计人数，平均工资）

- 确定关联字段：emp.deptno=dept.deptno

第一步，查询每个雇员的编号、部门名称、工资。

Select e.empno,d.deptno,d.dname,e.sal

from emp e,dept d

where e.deptno=d.deptno;

```
SQL> Select e.empno,d.deptno,d.dname,e.sal
  2  From emp e,dept d
  3  Where e.deptno=d.deptno;

     EMPNO     DEPTNO DNAME                                 SAL
---------- ---------- ---------------------------- ----------
      7782         10 ACCOUNTING                         2450
      7839         10 ACCOUNTING                         5000
      7934         10 ACCOUNTING                         1300
      7566         20 RESEARCH                           9999
      7902         20 RESEARCH                           3000
      7876         20 RESEARCH                           1100
      7788         20 RESEARCH                           3000
      7521         30 SALES                              1250
      7844         30 SALES                              1500
      7499         30 SALES                              1600
      7900         30 SALES                               950
      7698         30 SALES                              2850
      7654         30 SALES                              1250
      7369         40 OPERATIONS                          800

已选择14行。
```

第二步，对结果中的 dname 数据进行分组。

```
Select d.deptno,d.dname,count(e.empno),avg(e.sal)
from emp e,dept d
where e.deptno=d.deptno
group by d.deptno,d.dname;
```

```
SQL> Select d.deptno,d.dname,count(e.empno),avg(e.sal)
  2  from emp e,dept d
  3    where e.deptno=d.deptno
  4    group by d.deptno,d.dname;

    DEPTNO DNAME                        COUNT(E.EMPNO) AVG(E.SAL)
---------- ---------------------------- -------------- ----------
        10 ACCOUNTING                                3 2916.66667
        20 RESEARCH                                  5     3579.8
        30 SALES                                     6 1566.66667
```

第三步，加入外连接控制。

```
Select d.deptno,d.dname,count(e.empno),avg(e.sal)
from emp e,dept d
where e.deptno(+)=d.deptno
group by d.deptno,d.dname;
```

```
SQL> Select d.deptno,d.dname,count(e.empno),avg(e.sal)
  2  from emp e,dept d
  3    where e.deptno(+)=d.deptno
  4    group by d.deptno,d.dname;

    DEPTNO DNAME                        COUNT(E.EMPNO) AVG(E.SAL)
---------- ---------------------------- -------------- ----------
        10 ACCOUNTING                                3 2916.66667
        40 OPERATIONS                                0
        20 RESEARCH                                  5     3579.8
        30 SALES                                     6 1566.66667
```

以上代码针对一个多表查询的结果进行分组操作，查询结果由行和列组成，因此可以认为是一张临时数据表。

(2) 统计各个部门的编号、名称、人数，以及各岗位的平均工资和平均服务年限。

- 确定要使用的数据表：

dept 表（部门的编号、名称、人数）

emp 表（岗位、平均工资、平均服务年限）

- 确定已知的关联字段：

雇员和部门的关联 emp.deptno=dept.deptno

第一步，查询每个部门的编号、名称、雇员编号、岗位、工资、雇佣日期。

```
Select d.deptno,d.dname,e.empno,e.job,e.sal,e.hiredate
from emp e,dept d
where e.deptno(+)=d.deptno;
```

```
SQL> Select d.deptno,d.dname,e.empno,e.job,e.sal,e.hiredate
  2  From emp e,dept d
  3  Where e.deptno(+)=d.deptno;

    DEPTNO DNAME                          EMPNO JOB                    SAL HIREDATE
---------- ---------------------------- ---------- ------------------ ---------- ----------
        10 ACCOUNTING                      7782 MANAGER               2450 09-6月 -81
        10 ACCOUNTING                      7839 PRESIDENT             5000 17-11月-81
        10 ACCOUNTING                      7934 CLERK                 1300 23-1月 -82
        20 RESEARCH                        7566 MANAGER               9999 02-4月 -81
        20 RESEARCH                        7902 ANALYST               3000 03-12月-81
        20 RESEARCH                        7876 CLERK                 1100 23-5月 -87
        20 RESEARCH                        7369 CLERK                  800 17-12月-80
        20 RESEARCH                        7788 ANALYST               3000 19-4月 -87
        30 SALES                           7521 SALESMAN              1250 22-2月 -81
        30 SALES                           7844 SALESMAN              1500 08-9月 -81
        30 SALES                           7499 SALESMAN              1600 20-2月 -81
        30 SALES                           7900 CLERK                  950 03-12月-81
        30 SALES                           7698 MANAGER               2850 01-5月 -81
        30 SALES                           7654 SALESMAN              1250 28-9月 -81
        40 OPERATIONS

已选择15行。
```

第二步，观察结果，此时三个字段(d.deptno,d.dname,e.job)都有重复。

Group by 支持多字段分组。

```
Select d.deptno,d.dname,e.job,count(e.empno),avg(sal),
trunc(Avg(months _ between(sysdate,e.hiredate)/12))avgyears
from emp e,dept d
where e.deptno(+)=d.deptno
group by d.deptno,d.dname,e.job;
```

```
SQL> Select d.deptno,d.dname,e.job,count(e.empno),avg(sal),
  2  Trunc(Avg(months_between(sysdate,e.hiredate)/12)) avgyears
  3  From emp e,dept d
  4  Where e.deptno(+)=d.deptno
  5  Group by d.deptno,d.dname,e.job;

    DEPTNO DNAME                        JOB                COUNT(E.EMPNO)   AVG(SAL)   AVGYEARS
---------- ---------------------------- ------------------ -------------- ---------- ----------
        20 RESEARCH                     MANAGER                         1       9999         39
        30 SALES                        MANAGER                         1       2850         39
        10 ACCOUNTING                   PRESIDENT                       1       5000         39
        40 OPERATIONS                                                   0
        30 SALES                        SALESMAN                        4       1400         39
        10 ACCOUNTING                   CLERK                           1       1300         38
        10 ACCOUNTING                   MANAGER                         1       2450         39
        20 RESEARCH                     ANALYST                         2       3000         36
        20 RESEARCH                     CLERK                           2        950         36
        30 SALES                        CLERK                           1        950         38

已选择10行。
```

多字段分组只有在多个字段完全重复时才可以使用。只有在 GROUP BY 中出现的字段，SELECT 中才能出现，而且只能少不能多。或者说，出现在 SELECT 中的字段，如果没有出现在组函数中，那么必须出现在 GROUP BY 语句中。

查询平均工资高于 2000 元的职位名称和平均工资。

Select job avg(sal) from emp where avg(sal)>2000 group by job;

——错误代码

第 1 行出现错误：

ORA－00934：此处不允许使用分组函数（WHERE 子句中不允许使用分组函数/统计函数），因为 WHERE 操作在 GROUP BY 之前执行，此时还未进行分组，所以 WHERE 子句中不能出现分组函数。此时若需要过滤，可以使用 HAVING 子句。

Select job, avg(sal) from emp group by job having avg(sal)>2000;

```
SQL> Select job,avg(sal) from emp group by job having avg(sal)>2000;

JOB                  AVG(SAL)
------------------ ----------
PRESIDENT                5000
MANAGER            5099.66667
ANALYST                  3000
```

4.2.2　HAVING 语法格式

组函数可以在 SELECT 或 SELECT 的 HAVING 子句中使用，当组函数用于 SELECT 子串时常常和 GROUP BY 一起使用。

- GROUP BY：在查询表中数据的时候进行分组的关键字。
- HAVING：分组之后做进一步数据筛选的关键字，HAVING 和 WHERE 的功能类似。

HAVING 子句的语法格式如下：

```
SELECT{DISTINCT} * | 查询列 1　别名 1,查询列 2　别名 2,…
FORM 表名称 1　别名 1,表名称 2　别名 2,…
{WHERE 过滤条件(s)}
{GROUP BY 分组字段,分组字段,…{HAVING 分组后的过滤条件}}
{ORDER BY 字段[ASC | DESC],字段[ASC | DESC],…};
```

WHERE 和 HAVING 的对比：

（1）WHERE 和 HAVING 都是用来进行条件筛选的。

（2）WHERE 执行的时间比 HAVING 要早。

（3）WHERE 后面不能出现组函数。

（4）HAVING 后面可以出现组函数。

（5）WHERE 子句要紧跟在 FROM 后面。

（6）HAVING 子句要紧跟在 GROUP BY 后面。

GROUP BY 和 HAVING 的关系：

(1) GROUP BY 可以单独存在，后面可以不出现 HAVING 子句。

(2) HAVING 不能单独存在，当需要时，必须出现在 GROUP BY 后面。

ORDER BY 语句：

(1) 如果 SQL 语句中需要排序，那么一定要写在 SQL 语句的最后。

(2) ORDER BY 后面也可以出现组函数。

实例操作：

(1) 显示非销售人员的工作名称以及相同工作雇员的月工资总和，并要求满足当相同工作雇员的月工资合计大于 5000 元时，输出结果按月工资的合计升序排列。

第一步，显示非销售人员的工作名称。

Select * from emp where job<>'SALESMAN';

```
SQL> Select * from emp where job<>'SALESMAN';

     EMPNO ENAME                JOB                    MGR HIREDATE             SAL       COMM     DEPTNO
---------- -------------------- ------------------ ---------- -------------- ---------- ---------- ----------
      7369 SMITH                CLERK                 7902 17-12月-80            800                    20
      7566 JONES                MANAGER               7839 02-4月 -81           9999                    20
      7698 BLAKE                MANAGER               7839 01-5月 -81           2850                    30
      7782 CLARK                MANAGER               7839 09-6月 -81           2450                    10
      7788 SCOTT                ANALYST               7566 19-4月 -87           3000                    20
      7839 KING                 PRESIDENT                  17-11月-81           5000                    10
      7876 ADAMS                CLERK                 7788 23-5月 -87           1100                    20
      7900 JAMES                CLERK                 7698 03-12月-81            950                    30
      7902 FORD                 ANALYST               7566 03-12月-81           3000                    20
      7934 MILLER               CLERK                 7782 23-1月 -82           1300                    10

已选择10行。

SQL>
```

第二步，按照 job 分组，统计相同工作雇员的月工资总和。

Select job, sum(sal) from emp where job<>'SALESMAN'

group by job;

```
SQL> Select job, sum(sal) from emp where job<>'SALESMAN'
  2  group by job;

JOB                  SUM(SAL)
------------------ ----------
CLERK                    4150
PRESIDENT                5000
MANAGER                 15299
ANALYST                  6000
```

第三步，只有工资合计大于 5000 元的雇员才显示。

Select job, sum(sal) from emp where job<>'SALESMAN'

group by job

having sum(sal)>5000;

```
SQL> Select job, sum(sal) from emp where job<>'SALESMAN'
  2  group by job
  3  having sum(sal)>5000;

JOB                  SUM(SAL)
------------------ ----------
MANAGER                 15299
ANALYST                  6000
```

第四步，数据按照月工资的合计升序排列。

Select job, sum(sal) sum from emp where job<>'SALESMAN'

group by job

having sum(sal)>5000

order by sum;

```
SQL> Select job, sum(sal) sum from emp where job<>'SALESMAN'
  2  group by job
  3  having sum(sal)>5000
  4  order by sum;

JOB                       SUM
------------------ ----------
ANALYST                  6000
MANAGER                 15299
```

（2）统计部门编号、平均工资，按部门编号进行分组，分组后平均工资大于 1500 元的，按照工资降序排列。

Select deptno, avg(sal) from emp where sal>1200

group by deptno

having avg(sal)>1500

order by avg(sal) desc;

```
SQL> Select deptno, avg(sal) from emp where sal>1200
  2           group by deptno
  3           having avg(sal)>1500
  4           order by avg(sal) desc;

    DEPTNO   AVG(SAL)
---------- ----------
        20       5333
        10 2916.66667
        30       1690
```

（4）统计公司所有领取奖金和不领取奖金的雇员人数、平均工资。

Select comm, count(empno), avg(sal)

from emp

group by comm;

查询 1：所有领取奖金的雇员人数和平均工资。

Select 'get comm' title, count(empno), avg(sal) from emp

where comm is not NULL;

```
SQL> Select 'get comm' title, count(empno), avg(sal) from emp
  2 where comm is not NULL;

TITLE            COUNT(EMPNO)   AVG(SAL)
---------------- ------------ ----------
get comm                    4       1400
```

查询 2：所有不领取奖金的雇员人数和平均工资。

Select 'get comm' title, count(empno), avg(sal) from emp
where comm is NULL;

```
SQL> Select 'get comm' title, count(empno), avg(sal) from emp
  2  where comm is NULL;

TITLE            COUNT(EMPNO)   AVG(SAL)
---------------- ------------ ----------
get comm                   10     3044.9
```

最后，直接取两个查询结果的并集。

Select 'get comm' title, count(empno), avg(sal) from emp
where comm is not NULL
UNION
Select 'get comm' title, count(empno), avg(sal) from emp
where comm is NULL;

```
SQL> Select 'get comm' title, count(empno), avg(sal) from emp
  2  where comm is not NULL
  3  UNION
  4  Select 'get comm' title, count(empno), avg(sal) from emp
  5  where comm is NULL;

TITLE            COUNT(EMPNO)   AVG(SAL)
---------------- ------------ ----------
get comm                    4       1400
get comm                   10     3044.9
```

第 5 章　子查询

在一个查询中继续嵌套其他查询语句，这就是子查询。子查询的基本原则：在查询中可以有单行子查询和多行子查询；子查询可以出现在操作符的左边或右边；子查询在很多 SQL 命令中都可以使用；嵌套查询先执行，然后将结果传递给主查询。子查询主要包括以下几种实现方式：

- WHERE 子句：子查询一般会返回单行单列、单行多列、多行单列数据。
- HAVING 子句：子查询一般会返回单行单列，同时表示要使用统计函数。
- FROM 子句：子查询返回多行多列数据（表结构）。
- SELECT 子句：子查询返回单行单列，一般不使用。

5.1　WHERE 子句中使用子查询

把 SELECT 查询的结果作为另外一个 SELECT、UPDATE 或 DELETE 语句的条件，它的本质就是 WHERE 条件查询中的一个条件表达式。

子查询的语法格式如下：

```
SELECT{DISTINCT} * | 查询列 1  别名 1,查询列 2  别名 2,…
FORM 表名称 1  别名 1,表名称 2  别名 2,…
    (
        SELECT{DISTINCT} * | 查询列 1  别名 1,查询列 2  别名 2,…
        FORM 表名称 1  别名 1,表名称 2  别名 2,…
        {WHERE 过滤条件(s)}
        {GROUP BY 分组字段,分组字段,…{HAVING 分组后的过滤条件}}
        {ORDER BY 字段[ASC | DESC],字段[ASC | DESC],…};
    )别名,
…
{WHERE 过滤条件(s)
    (
        SELECT{DISTINCT} * | 查询列 1  别名 1,查询列 2  别名 2,…
        FORM 表名称 1  别名 1,表名称 2  别名 2,…
        {WHERE 过滤条件(s)}
```

续表

```
        {GROUP BY 分组字段,分组字段,…{HAVING 分组后的过滤条件}}
        {ORDER BY 字段[ASC | DESC],字段[ASC | DESC],…};
    )
}
{GROUP BY 分组字段,分组字段,…{HAVING 分组后的过滤条件}}
{ORDER BY 字段[ASC | DESC],字段[ASC | DESC],…};
```

所有子查询必须在“()”中编写代码。

子查询可以分为以下三类：

（1）单列子查询：返回的结果是一列中的一个数据，出现的概率最高。

（2）单行子查询：向外部返回的结果为空或者返回一行。Oracle 单行子查询是利用 WHERE 条件“=”关联查询结果的，若单行子查询返回多行，则会报单行子查询不能返回多行的数据库错误。

（3）多行子查询：向外部返回的结果为空、一行或者多行。Oracle 多行子查询需要利用 IN 关键字来接收子查询的多行结果，也可以用量化关键字 ANY、ALL 和关系运算符>、>=、=、<、<=来组合使用。

实例操作：

（1）查询公司中谁的工资最多：

Select ename from emp where sal=(select max(sal) from emp);

```
SQL> Select ename from emp where sal=(select max(sal) from emp);

ENAME
--------------------
JONES
```

（2）查询工资在平均工资以上的雇员信息：

Select * from emp

where sal>(select avg(sal) from emp);

```
SQL> Select * from emp
  2 Where sal>(select avg(sal) from emp);

     EMPNO ENAME                JOB                 MGR HIREDATE            SAL       COMM     DEPTNO
---------- -------------------- ------------ ---------- ------------ ---------- ---------- ----------
      7566 JONES                MANAGER            7839 02-4月 -81         9999                    20
      7698 BLAKE                MANAGER            7839 01-5月 -81         2850                    30
      7788 SCOTT                ANALYST            7566 19-4月 -87         3000                    20
      7839 KING                 PRESIDENT               17-11月-81         5000                    10
      7902 FORD                 ANALYST            7566 03-12月-81         3000                    20
```

（3）查询入职最早的雇员编号、姓名、入职时间、工资：

Select empno, ename, hiredate, sal from emp

where hiredate=(select min(hiredate) from emp);

```
SQL> Select empno,ename,hiredate,sal from emp
  2  where hiredate=( Select min(hiredate) from emp);

     EMPNO ENAME                HIREDATE              SAL
---------- -------------------- -------------- ----------
      7369 SMITH                17-12月-80            800
```

（4）查询与 SMITH 工作岗位相同，但工资比他高的雇员信息：

Select job,sal from emp where ename='SMITH';

```
SQL> Select job,sal from emp where ename='SMITH';

JOB                 SAL
------------------ ----------
CLERK               800

SQL>
```

Select * from emp

where job=(select job from emp where ename='SMITH')

AND sal>(select sal from emp where ename='SMITH');

```
SQL> Select * from emp
  2  where job=(select job from emp where ename='SMITH')
  3  AND sal>(select sal from emp where ename='SMITH');

     EMPNO ENAME                JOB                       MGR HIREDATE              SAL       COMM     DEPTNO
---------- -------------------- ------------------ ---------- -------------- ---------- ---------- ----------
      7876 ADAMS                CLERK                    7788 23-5月 -87           1100                    20
      7900 JAMES                CLERK                    7698 03-12月-81            950                    30
      7934 MILLER               CLERK                    7782 23-1月 -82           1300                    10
```

在子查询中，存在以下三种查询操作符号：

- IN 关键字：指定一个查询的范围。
- ANY 关键字：表示子查询结果中的任意一个。例如，>ANY（子查询）表示只要大于子查询中的任意一个值，该条件就满足。
- ALL 关键字：表示子查询中的所有结果。例如，>ALL（子查询）表示必须大于子查询中的所有结果才能满足该条件。

实例操作：

（1）IN：指与子查询返回的内容完全相同。

Select empno,ename,sal from emp where sal IN

(select sal from emp where job='SALESMAN');

```
SQL> Select empno,ename,sal from emp where sal IN
  2  (select sal from emp where job='SALESMAN');

     EMPNO ENAME                       SAL
---------- -------------------- ----------
      7499 ALLEN                      1600
      7654 MARTIN                     1250
      7521 WARD                       1250
      7844 TURNER                     1500
```

同理可以使用 NOT IN，但是子句中不能返回 NULL。

Select empno, ename, sal from emp where sal NOT IN
(select sal from emp where job='MANAGER');

```
SQL> Select empno, ename, sal from emp where sal NOT IN
  2  (select sal from emp where job='MANAGER');

     EMPNO ENAME                       SAL
---------- -------------------- ----------
      7369 SMITH                       800
      7902 FORD                       3000
      7788 SCOTT                      3000
      7839 KING                       5000
      7654 MARTIN                     1250
      7521 WARD                       1250
      7499 ALLEN                      1600
      7876 ADAMS                      1100
      7900 JAMES                       950
      7934 MILLER                     1300
      7844 TURNER                     1500

已选择11行。
```

Select empno, ename, comm from emp where comm NOT IN
(select comm from emp where job='MANAGER');

```
SQL> Select empno, ename, comm from emp where comm NOT IN
  2  (select comm from emp where job='MANAGER');

未选定行
```

Select * from emp where empno NOT IN (select mgr from emp);

--未选定行

因为子查询返回值为空，所以 KING 没有 mgr。

(2) ANY:>ANY, =ANY, <ANY 的用法。

Select empno, ename, sal from emp where sal=ANY
(select sal from emp where job='SALESMAN');

--效果同 IN

```
SQL> Select empno, ename, sal from emp where sal =ANY
  2  (select sal from emp where job='SALESMAN');

     EMPNO ENAME                       SAL
---------- -------------------- ----------
      7499 ALLEN                      1600
      7654 MARTIN                     1250
      7521 WARD                       1250
      7844 TURNER                     1500
```

Select empno, ename, sal from emp where sal >ANY
(select sal from emp where job='MANAGER');

--比返回值的最小值要大

```
SQL> Select empno,ename,sal from emp where sal >ANY
  2  (select sal from emp where job='MANAGER');

     EMPNO ENAME                       SAL
---------- -------------------- ----------
      7566 JONES                      9999
      7839 KING                       5000
      7902 FORD                       3000
      7788 SCOTT                      3000
      7698 BLAKE                      2850
```

Select empno,ename,sal from emp where sal<ANY
(select sal from emp where job='MANAGER');

——比返回值的最大值要小

```
SQL> Select empno,ename,sal from emp where sal <ANY
  2  (select sal from emp where job='MANAGER');

     EMPNO ENAME                       SAL
---------- -------------------- ----------
      7369 SMITH                       800
      7900 JAMES                       950
      7876 ADAMS                      1100
      7521 WARD                       1250
      7654 MARTIN                     1250
      7934 MILLER                     1300
      7844 TURNER                     1500
      7499 ALLEN                      1600
      7782 CLARK                      2450
      7698 BLAKE                      2850
      7788 SCOTT                      3000
      7902 FORD                       3000
      7839 KING                       5000

已选择13行。
```

(3)ALL:>ALL,<ALL 的用法。

Select empno,ename,sal from emp where sal >ALL
(select sal from emp where job='ANALYST');

——比返回值的最大值要大

```
SQL> Select empno,ename,sal from emp where sal >ALL
  2  (select sal from emp where job='ANALYST');

     EMPNO ENAME                       SAL
---------- -------------------- ----------
      7839 KING                       5000
      7566 JONES                      9999
```

Select empno,ename,sal from emp where sal<ALL
(select sal from emp where job='ANALYST');

——比返回值的最小值要小

```
SQL> Select empno,ename,sal from emp where sal <ALL
  2  (select sal from emp where job='ANALYST');

     EMPNO ENAME                       SAL
---------- -------------------- ----------
      7698 BLAKE                      2850
      7782 CLARK                      2450
      7499 ALLEN                      1600
      7844 TURNER                     1500
      7934 MILLER                     1300
      7521 WARD                       1250
      7654 MARTIN                     1250
      7876 ADAMS                      1100
      7900 JAMES                       950
      7369 SMITH                       800

已选择10行。
```

5.2 HAVING 子句中使用子查询

子查询在 HAVING 子句中出现，一定是返回了单行单列数据，并且需要统计函数进行计算。一般返回的数据不会过于复杂。

实例操作：

统计高于公司平均工资的职位名称、人数和平均工资：

```
Select job,count(empno),avg(sal) from emp
group by job
having avg(sal)>(select avg(sal) from emp);
```

```
SQL> Select job,count(empno),avg(sal)from emp
  2  group by job
  3  having avg(sal)>( select avg(sal) from emp);

JOB                  COUNT(EMPNO)   AVG(SAL)
-------------------- ------------ ----------
PRESIDENT                       1       5000
MANAGER                         3 5099.66667
ANALYST                         2       3000
```

5.3 在 FROM 子句中使用子查询

如果子查询返回多行多列数据，就相当于一张数据表，可以直接在 FROM 子句中使用。

实例操作：

（1）统计每个部门的编号、名称、人数、平均工资。

——此前是使用多表查询，以分组操作实现

```
Select d.deptno,d.dname,count(e.empno),avg(e.sal)
```

from emp e, dept d

where d. deptno=e. deptno

group by d. deptno, d. dname;

```
SQL> Select d.deptno,d.dname,count(e.empno),avg(e.sal)
  2  From emp e,dept d
  3  Where d.deptno=e.deptno
  4  Group by d.deptno,d.dname;

    DEPTNO DNAME                          COUNT(E.EMPNO) AVG(E.SAL)
---------- ------------------------------ -------------- ----------
        10 ACCOUNTING                                  3 2916.66667
        20 RESEARCH                                    5     3579.8
        30 SALES                                       6 1566.66667

SQL>
```

——现在使用子查询实现（子查询主要解决多表查询带来的性能下降问题）

第一步，查询部门的编号、名称，只需要 dept 一张表。

Select d. deptno, d. dname, count(e. empno), avg(e. sal)

from emp e, dept d

where d. deptno=e. deptno

group by d. deptno, d. dname;

```
SQL> Select d.deptno,d.dname,count(e.empno),avg(e.sal)
  2  From emp e,dept d
  3  Where d.deptno=e.deptno
  4  Group by d.deptno,d.dname;

    DEPTNO DNAME                          COUNT(E.EMPNO) AVG(E.SAL)
---------- ------------------------------ -------------- ----------
        10 ACCOUNTING                                  3 2916.66667
        20 RESEARCH                                    5     3579.8
        30 SALES                                       6 1566.66667

SQL>
```

第二步，统计每个部门的编号、人数、平均工资，只需要 emp 一张表。

Select e. deptno, count(e. empno), avg(e. sal)

from emp e

group by e. deptno;

```
SQL> Select e.deptno,count(e.empno),avg(e.sal)
  2  from emp e
  3  group by e.deptno;

    DEPTNO COUNT(E.EMPNO) AVG(E.SAL)
---------- -------------- ----------
        30              6 1566.66667
        20              5     3579.8
        10              3 2916.66667
```

第三步，两个查询结果表之间有 deptno 这个联系，可以进行多表查询。

Select d. deptno, d. dname, temp. count, temp. avgsal

from dept d,
(select e.deptno,count(e.empno) count,
avg(e.sal) avgsal from emp e
(group by e.deptno) temp
where d.deptno=temp.deptno;

```
SQL> Select d.deptno, d.dname, temp.count, temp.avgsal
  2  from dept d,
  3  ( Select e.deptno, count(e.empno) count,
  4  avg(e.sal) avgsal from emp e
  5  group by e.deptno) temp
  6  Where d.deptno=temp.deptno;

    DEPTNO DNAME                               COUNT     AVGSAL
---------- ------------------------------ ---------- ----------
        10 ACCOUNTING                              3 2916.66667
        20 RESEARCH                                5     3579.8
        30 SALES                                   6 1566.66667
```

(2) 统计每个部门的平均工资以及平均工资的等级。

分析：首先，求平均工资（当成表），把平均工资和另外一张表连接。

第一步：

Select e.deptno,avg(sal) from emp e group by e.deptno;

```
SQL> Select e.deptno, avg(sal) from emp e group by e.deptno;

    DEPTNO   AVG(SAL)
---------- ----------
        30 1566.66667
        20     3579.8
        10 2916.66667
```

第二步：

Select t.deptno,t.avgsal,s.grade
from salgrade s,
(select e.deptno,avg(sal) avgsal from emp e group by e.deptno) t
where (t.avgsal between s.losal and s.hisal);

```
SQL> Select t.deptno, t.avgsal, s.grade
  2  From salgrade s,
  3  ( Select e.deptno, avg(sal)avgsal from emp e group by e.deptno)t
  4  Where (t.avgsal between s.losal and s.hisal);

    DEPTNO     AVGSAL      GRADE
---------- ---------- ----------
        20     3579.8          5
        10 2916.66667          4
        30 1566.66667          3
```

其次，统计每个部门平均工资的等级。

第一步：

Select e.empno,e.deptno,s.grade from emp e,salgrade s

where e. sal between s. losal and s. hisal;

```
SQL> Select e.empno, e.deptno, s.grade  from emp e, salgrade s
  2  where e.sal between s.losal and s.hisal;

     EMPNO     DEPTNO      GRADE
---------- ---------- ----------
      7369         20          1
      7900         30          1
      7876         20          1
      7521         30          2
      7654         30          2
      7934         10          2
      7844         30          3
      7499         30          3
      7782         10          4
      7698         30          4
      7788         20          4
      7902         20          4
      7839         10          5
      7566         20          5

已选择14行。
```

第二步：

Select t. deptno, avg(t. grade)

from (select e. empno, e. deptno, s. grade from emp e, salgrade s

where e. sal between s. losal and s. hisal) t

group by t. deptno;

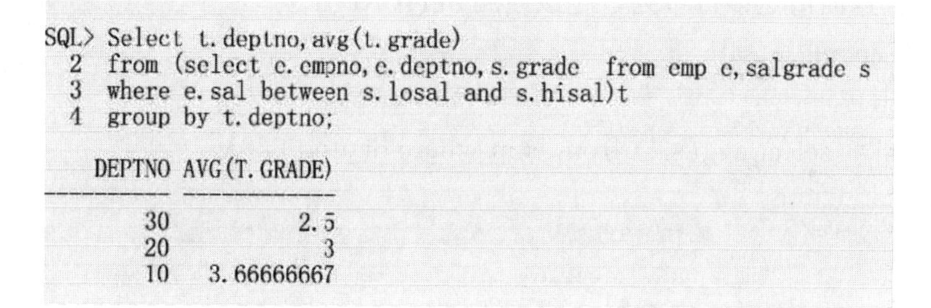

```
SQL> Select t.deptno, avg(t.grade)
  2  from (select e.empno, e.deptno, s.grade  from emp e, salgrade s
  3  where e.sal between s.losal and s.hisal)t
  4  group by t.deptno;

    DEPTNO AVG(T.GRADE)
---------- ------------
        30          2.5
        20            3
        10   3.66666667
```

注意，通常有如下关系成立：

复杂查询=简单查询+限定查询+多表查询+分组统计查询+子查询

如果是子查询，首先应考虑 WHERE 子句或者 FROM 子句中出现子查询的操作，HAVING 子句中只有在出现统计函数时才会出现子查询。

子查询最大的作用是解决由多表查询带来的笛卡尔积对程序性能的影响问题。

第6章　复杂查询与综合应用

（1）列出工资高于部门20平均工资的雇员姓名、工资、部门名称、部门人数。

①确定使用的数据表。

emp：姓名、工资、部门人数　　dept：部门名称

②确定已知的关联字段。

雇员和部门：emp.deptno=dept.deptno

第一步：找出部门20所有员工的平均工资。

```
Select avg(sal) from emp where deptno=20;
  AVG(SAL)
-------
      3579.8
```

第二步：返回值是多行单列，应该使用WHERE子句。

```
Select e.ename,e.sal
from emp e
where sal>(select avg(sal) from emp where deptno=20);
```

```
SQL> Select e.ename,e.sal
  2    from emp e
  3    where sal>(select avg(sal) from emp where deptno=20);

ENAME                     SAL
--------------------  ----------
JONES                    9999
KING                     5000
```

第三步：加入dept表，用关联条件消除笛卡尔积。

```
Select e.ename,e.sal,d.dname
from emp e,dept d
where sal> (select avg(sal)
from emp where deptno=20)and (e.deptno=d.deptno);
```

```
SQL> Select e.ename,e.sal,d.dname
  2  from emp e,dept d
  3  where sal> (
  4  select avg(sal) from emp where deptno=20) and (e.deptno=d.deptno);

ENAME                       SAL DNAME
--------------------  ---------- ----------------------------
JONES                      9999 RESEARCH
KING                       5000 ACCOUNTING
```

第四步：统计部门人数，可以使用子查询。

Select deptno, count(empno) count from emp group by deptno;

```
SQL> Select deptno, count(empno) count from emp group by deptno;

    DEPTNO      COUNT
---------- ----------
        30          6
        20          5
        10          3
```

第五步：统计部门人数返回多行多列数据，放入 FROM 子句中，再次进行多表查询。

```
Select e.ename, e.sal, d.dname, t.count
from emp e, dept d,
(select deptno, count(empno) count from emp group by deptno) t
    where sal> (
    select avg(sal) from emp where deptno=20)
    and (e.deptno=d.deptno) and (e.deptno=t.deptno);
```

```
SQL> Select e.ename, e.sal, d.dname, t.count
  2  from emp e, dept d,
  3  (select deptno, count(empno) count from emp group by deptno) t
  4  where sal> (
  5  select avg(sal) from emp where deptno=20) and (e.deptno=d.deptno)
  6  and (e.deptno=t.deptno);

ENAME                       SAL DNAME                               COUNT
-------------------- ---------- ------------------------------ ----------
KING                       5000 ACCOUNTING                              3
JONES                      9999 RESEARCH                                5

SQL>
```

(2) 查询与 ALLEN 同岗位的雇员编号、姓名及其所在部门名称、部门人数和领导姓名。

①确定要使用的数据表。

emp：雇员信息、部门人数、领导姓名

dept：部门名称

②确定已知的关联字段。

雇员和部门：emp.deptno=dept.deptno

雇员和领导：emp.mgr=memp.empno

第一步：先找出 ALLEN 的岗位。

```
    Select job from emp where ename='ALLEN';
    JOB
---------
SALESMAN
```

第二步：找到所有符合此要求的雇员信息。

```
    Select * from emp
```

where job=(select job from emp where ename='ALLEN');

```
SQL> Select * from emp
  2  where job=(SELECT job from emp WHERE ename='ALLEN');

     EMPNO ENAME                JOB                      MGR HIREDATE             SAL       COMM     DEPTNO
---------- -------------------- ------------------ ---------- -------------- ---------- ---------- ----------
      7499 ALLEN                SALESMAN                 7698 20-2月 -81         1600        300         30
      7521 WARD                 SALESMAN                 7698 22-2月 -81         1250        500         30
      7654 MARTIN               SALESMAN                 7698 28-9月 -81         1250       1400         30
      7844 TURNER               SALESMAN                 7698 08-9月 -81         1500          0         30
```

第三步：找出符合要求的雇员所在的部门名称。

Select e.empno, e.ename, d.dname
from emp e, dept d
where job=(select job from emp where ename='ALLEN')
    and(e.deptno=d.deptno);

```
SQL> Select e.empno, e.ename, d.dname
  2  from emp e, dept d
  3  where job=(SELECT job from emp WHERE ename='ALLEN')
  4  and( e.deptno=d.deptno );

     EMPNO ENAME                DNAME
---------- -------------------- ----------------------------
      7499 ALLEN                SALES
      7844 TURNER               SALES
      7654 MARTIN               SALES
      7521 WARD                 SALES
```

第四步：加上部门人数。

Select deptno, count(empno) count from emp group by deptno;

```
SQL> Select deptno, count(empno) count from emp group by deptno;

    DEPTNO      COUNT
---------- ----------
        30          6
        20          5
        10          3
```

Select e.ename, e.job, d.dname, t.count
from emp e, dept d,
(select deptno, count(empno) count from emp group by deptno) t
    where job=(select job from emp where ename='ALLEN')
        and (e.deptno=d.deptno)
        and (t.deptno=e.deptno);

```
SQL> Select e.ename,e.job,d.dname,t.count
  2  from emp e,dept d,
  3  (select deptno,count(empno) count from emp group by deptno) t
  4  where job=(SELECT job from emp WHERE ename='ALLEN')
  5  and ( e.deptno=d.deptno )
  6  and (t.deptno=e.deptno);

ENAME                JOB                  DNAME                               COUNT
-------------------- -------------------- ------------------------------ ----------
TURNER               SALESMAN             SALES                                   6
MARTIN               SALESMAN             SALES                                   6
WARD                 SALESMAN             SALES                                   6
ALLEN                SALESMAN             SALES                                   6
```

第五步：找到雇员对应的领导信息。

```
Select e.ename,e.job,d.dname,t.count,m.ename
from emp e,dept d,
(select deptno,count(empno) count from emp group by deptno) t,emp m
     where e.job=(select job from emp where ename='ALLEN')
          and (e.deptno=d.deptno)
          and (t.deptno=e.deptno)
          and (e.mgr=m.empno);
```

```
SQL> Select e.ename,e.job,d.dname,t.count,m.ename
  2  from emp e,dept d,
  3  (select deptno,count(empno) count from emp group by deptno) t,emp m
  4  where e.job=(SELECT job from emp WHERE ename='ALLEN')
  5  and ( e.deptno=d.deptno )
  6  and (t.deptno=e.deptno)
  7  and (e.mgr=m.empno);

ENAME                JOB                  DNAME                               COUNT ENAME
-------------------- -------------------- ------------------------------ ---------- ----------
TURNER               SALESMAN             SALES                                   6 BLAKE
MARTIN               SALESMAN             SALES                                   6 BLAKE
WARD                 SALESMAN             SALES                                   6 BLAKE
ALLEN                SALESMAN             SALES                                   6 BLAKE
```

第六步：消除掉 SCOTT 数据。

```
Select e.ename,e.job,d.dname,t.count,m.ename
from emp e,dept d,
(select deptno,count(empno) count from emp group by deptno) t,emp m
     where e.job=(select job from emp where ename='ALLEN')
          and (e.deptno=d.deptno)
          and (t.deptno=e.deptno)
          and (e.mgr=m.empno)
          and e.ename<>'ALLEN';
```

```
SQL> Select e.ename, e.job, d.dname, t.count, m.ename
  2  from emp e, dept d,
  3  (select deptno, count(empno) count from emp group by deptno) t, emp m
  4  where e.job=(SELECT job from emp WHERE ename='ALLEN')
  5  and ( e.deptno=d.deptno )
  6  and (t.deptno=e.deptno)
  7  and (e.mgr=m.empno)
  8  and e.ename<>'ALLEN';

ENAME                JOB                  DNAME                          COUNT ENAME
-------------------- -------------------- ------------------------------ ----- ----------
TURNER               SALESMAN             SALES                              6 BLAKE
MARTIN               SALESMAN             SALES                              6 BLAKE
WARD                 SALESMAN             SALES                              6 BLAKE
```

（3）查询工资比 SCOTT 或 ALLEN 高的雇员的编号、姓名、领导姓名、部门名称、部门人数及部门平均工资。

①确定要使用的数据表。

emp：雇员编号、姓名，统计部门人数、领导姓名

dept：部门名称

②确定已知的关联字段。

雇员和部门：emp.deptno=dept.deptno

雇员和领导：emp.mgr=memp.empno

第一步：找到 SMITH 和 ALLEN 的工资。

```
Select sal from emp where ename in('SCOTT','ALLEN');
```

```
SQL> Select sal from emp where ename in('SCOTT','ALLEN');

       SAL
----------
      1600
      3000
```

第二步：找到工资比 SMITH 或 ALLEN 高的所有雇员信息。

```
Select * from emp e
where e.sal>ANY(
      select sal from emp where ename in('SCOTT','ALLEN'))
      and (e.ename not in('SCOTT','ALLEN'));
```

```
SQL> Select * from emp e
  2  where e.sal>ANY(
  3  select sal from emp where ename in('SCOTT','ALLEN'))
  4  and (e.ename not in('SCOTT','ALLEN'));

    EMPNO ENAME                JOB                   MGR HIREDATE           SAL       COMM     DEPTNO
---------- -------------------- ------------------ ---------- -------------- ---------- ---------- ----------
     7566 JONES                MANAGER              7839 02-4月 -81         9999                    20
     7839 KING                 PRESIDENT                 17-11月-81         5000                    10
     7902 FORD                 ANALYST              7566 03-12月-81         3000                    20
     7698 BLAKE                MANAGER              7839 01-5月 -81         2850                    30
     7782 CLARK                MANAGER              7839 09-6月 -81         2450                    10
```

第三步：找到领导信息。

```
Select e.empno, e.ename, e.sal, m.ename
from emp e, emp m
where e.sal > ANY (select sal from emp where ename in ('SCOTT',
```

'ALLEN'))

and (e.ename not in('SCOTT','ALLEN'))

and (e.mgr=m.empno(+));

```
SQL> Select e.empno,e.ename,e.sal,m.ename
  2  from emp e,emp m
  3  where e.sal>ANY(select sal from emp where ename in('SCOTT','ALLEN'))
  4  and  (e.ename not in('SCOTT','ALLEN'))
  5  and (e.mgr=m.empno(+));

     EMPNO ENAME                      SAL ENAME
---------- -------------------- ---------- --------------------
      7902 FORD                      3000 JONES
      7782 CLARK                     2450 KING
      7698 BLAKE                     2850 KING
      7566 JONES                     9999 KING
      7839 KING                      5000
```

第四步：统计部门信息。

Select deptno,count(empno) count,avg(sal) avgsal

from emp group by deptno;

```
SQL> Select deptno,count(empno) count,avg(sal) avgsal
  2   from emp group by deptno;

    DEPTNO      COUNT     AVGSAL
---------- ---------- ----------
        30          6 1566.66667
        20          5     3579.8
        10          3 2916.66667
```

第五步：找到部门名称以及其他雇员的工资信息，利用 FROM 子句，多表查询。

Select e.empno,e.ename,m.ename,t.count,t.avgsal,d.dname

from emp e,emp m,dept d,

(select deptno,count(empno) count,avg(sal) avgsal from emp group by deptno) t

where e.sal>ANY(select sal from emp where ename in('SCOTT',
'ALLEN'))

and (e.ename not in('SCOTT','ALLEN'))

and (e.mgr=m.empno(+))

and (e.deptno=d.deptno)

and (t.deptno=d.deptno);

```
SQL> Select e.empno,e.ename,m.ename,t.count,t.avgsal,d.dname
  2  from emp e,emp m,dept d,
  3  (select deptno,count(empno) count,avg(sal) avgsal from emp group by deptno) t
  4  where e.sal>ANY(select sal from emp where ename in('SCOTT','ALLEN'))
  5  and  (e.ename not in('SCOTT','ALLEN'))
  6  and (e.mgr=m.empno(+))
  7  and (e.deptno=d.deptno)
  8  and (t.deptno=d.deptno);

     EMPNO ENAME                ENAME                     COUNT     AVGSAL DNAME
---------- -------------------- -------------------- ---------- ---------- --------------
      7902 FORD                 JONES                         5     3579.8 RESEARCH
      7782 CLARK                KING                          3 2916.66667 ACCOUNTING
      7566 JONES                KING                          5     3579.8 RESEARCH
      7698 BLAKE                KING                          6 1566.66667 SALES
      7839 KING                                               3 2916.66667 ACCOUNTING
```

（4）列出入职日期早于其直接上级领导的雇员编号、姓名、部门名称、部门人数。

①确定要使用的数据表。

emp：雇员编号、姓名，用于统计部门人数

dept：部门名称

emp：领导入职日期，用于自身关联

②确定已知的关联字段。

雇员和部门：emp.deptno=dept.deptno

雇员和领导：emp.mgr=memp.empno

第一步：实现自身关联，找到入职日期早于其直接上级领导的所有员工信息。

```
Select e.empno,e.ename
from emp e,emp m
where e.mgr=m.empno(+)
    and e.hiredate<m.hiredate;
```

```
SQL> Select  e.empno,e.ename
  2  from emp e,emp m
  3  where e.mgr=m.empno(+)
  4  and e.hiredate<m.hiredate;

     EMPNO ENAME
---------- --------------------
      7499 ALLEN
      7521 WARD
      7698 BLAKE
      7566 JONES
      7782 CLARK
      7369 SMITH

已选择6行。
```

第二步：找到部门信息。

```
Select e.empno,e.ename,d.dname,d.loc
from emp e,emp m,dept d
where e.mgr=m.empno(+)
    and e.hiredate<m.hiredate
```

and e. deptno=d. deptno;

```
SQL> Select  e. empno, e. ename, d. dname, d. loc
  2  from emp e, emp m, dept d
  3  where e. mgr=m. empno(+)
  4  and e. hiredate<m. hiredate
  5  and e. deptno=d. deptno;

     EMPNO ENAME                DNAME                          LOC
---------- -------------------- ------------------------------ -------------
      7521 WARD                 SALES                          CHICAGO
      7499 ALLEN                SALES                          CHICAGO
      7698 BLAKE                SALES                          CHICAGO
      7566 JONES                RESEARCH                       DALLAS
      7782 CLARK                ACCOUNTING                     NEW YORK
      7369 SMITH                RESEARCH                       DALLAS

已选择6行。
```

第三步：统计部门人数。

Select e. empno, e. ename, d. dname, t. count

from emp e, emp m, dept d, (select deptno, count(empno) count from emp group by deptno) t

where e. mgr=m. empno(+)

and e. hiredate<m. hiredate

and e. deptno=d. deptno

and d. deptno=t. deptno;

```
SQL>
SQL> Select  e. empno, e. ename, d. dname, t. count
  2  from emp e, emp m, dept d, (select deptno, count(empno) count from emp group by deptno) t
  3  where e. mgr=m. empno(+)
  4  and e. hiredate<m. hiredate
  5  and e. deptno=d. deptno
  6  and d. deptno=t. deptno;

     EMPNO ENAME                DNAME                               COUNT
---------- -------------------- ------------------------------ ----------
      7521 WARD                 SALES                                   6
      7499 ALLEN                SALES                                   6
      7782 CLARK                ACCOUNTING                              3
      7698 BLAKE                SALES                                   6
      7566 JONES                RESEARCH                                5
      7369 SMITH                RESEARCH                                5

已选择6行。
```

（5）列出工作岗位是 MANAGER 的雇员姓名、部门名称、部门人数、工资等级。

①确定要使用的数据表。

emp：雇员姓名，用于统计部门人数

dept：部门名称

salgrade：工资等级

②确定已知的关联字段。

雇员和部门：emp. deptno=dept. deptno

工资和工资等级：emp. sal between losal and hisal

```
SQL> Select * from salgrade;

     GRADE      LOSAL      HISAL
---------- ---------- ----------
         1        700       1200
         2       1201       1400
         3       1401       2000
         4       2001       3000
         5       3001       9999
```

第一步：找出所有岗位是 MANAGER 的员工信息及其所在部门名称。

```
Select e.empno, e.ename, d.dname
from emp e, dept d
where e.job='MANAGER' and e.deptno=d.deptno;
```

```
SQL> Select e.empno, e.ename, d.dname
  2  from emp e, dept d
  3   where e.job='MANAGER' and e.deptno=d.deptno;

     EMPNO ENAME                DNAME
---------- -------------------- ----------------------------
      7782 CLARK                ACCOUNTING
      7566 JONES                RESEARCH
      7698 BLAKE                SALES
```

第二步：统计相应部门的人数。

```
Select e.empno, e.ename, d.dname, t.count
from emp e, dept d, (select deptno, count(empno) count from emp group by deptno) t
where e.job='MANAGER' and e.deptno=d.deptno and e.deptno=t.deptno;
```

```
SQL> Select  e.empno, e.ename, d.dname, t.count
  2  from emp e, dept d, (select deptno, count(empno) count from emp group by deptno) t
  3  where e.job='MANAGER' and e.deptno=d.deptno and e.deptno=t.deptno;

     EMPNO ENAME                DNAME                          COUNT
---------- -------------------- ---------------------------- ----------
      7698 BLAKE                SALES                                 6
      7566 JONES                RESEARCH                              5
      7782 CLARK                ACCOUNTING                            3
```

第三步：统计工资等级。

```
Select e.empno, e.ename, d.dname, temp.count, s.grade
from emp e, dept d, (select deptno, count(empno) count from emp group by deptno) temp, salgrade s
where (e.job='MANAGER') and (e.deptno=d.deptno)
        and (e.deptno=temp.deptno)
        and (e.sal between s.losal and s.hisal);
```

```
SQL> Select  e.empno, e.ename, d.dname, temp.count, s.grade
  2  from emp e, dept d, (select deptno, count(empno) count from emp group by deptno) temp, salgrade s
  3  where (e.job='MANAGER')and (e.deptno=d.deptno)
  4  and (e.deptno=temp.deptno)
  5  and( e.sal between s.losal and s.hisal);

     EMPNO ENAME                DNAME                          COUNT      GRADE
---------- -------------------- ---------------------------- ---------- ----------
      7698 BLAKE                SALES                                 6          4
      7566 JONES                RESEARCH                              5          5
      7782 CLARK                ACCOUNTING                            3          4
```

第 7 章　数据更新与事务处理

数据库的主要操作分为两种：

（1）数据库的查询操作：SELECT。

（2）数据库的更新操作：数据更新主要包括增加、修改、删除三种操作。

为了保存原始的 emp 表的信息，在进行增加、修改、删除操作之前应先将此表复制一份。

```
CREATE TABLE myemp AS SELECT * FROM emp;
```

```
SQL> Create table myemp as select * from emp;

表已创建。

SQL> Select * from myemp;

     EMPNO ENAME                JOB                  MGR HIREDATE            SAL       COMM     DEPTNO
---------- -------------------- ------------------ ----- ------------ ---------- ---------- ----------
      7369 SMITH                CLERK               7902 17-12月-80          800                    20
      7499 ALLEN                SALESMAN            7698 20-2月 -81         1600        300         30
      7521 WARD                 SALESMAN            7698 22-2月 -81         1250        500         30
      7566 JONES                MANAGER             7839 02-4月 -81         9999                    20
      7654 MARTIN               SALESMAN            7698 28-9月 -81         1250       1400         30
      7698 BLAKE                MANAGER             7839 01-5月 -81         2850                    30
      7782 CLARK                MANAGER             7839 09-6月 -81         2450                    10
      7788 SCOTT                ANALYST             7566 19-4月 -87         3000                    20
      7839 KING                 PRESIDENT                17-11月-81         5000                    10
      7844 TURNER               SALESMAN            7698 08-9月 -81         1500          0         30
      7876 ADAMS                CLERK               7788 23-5月 -87         1100                    20
      7900 JAMES                CLERK               7698 03-12月-81          950                    30
      7902 FORD                 ANALYST             7566 03-12月-81         3000                    20
      7934 MILLER               CLERK               7782 23-1月 -82         1300                    10

已选择14行。
```

7.1　增加数据

如果要实现数据的增加，可以使用如下语法完成：

```
INSERT INTO 表名称[(字段 1,字段 2,…)]VALUES(值 1,值 2,…);
```

在增加数据时，以下几种数据类型要分别处理：

- 增加数字：直接编写数字，例如 123。
- 增加字符串：字符串应该使用单引号进行声明。
- 增加 DATE 数据：

第一种：可以按照已有的字符串格式编写字符串，例如'17－12 月－80'；

第二种：利用 TO_DATE（）函数将字符串转换为 DATE 型数据；

第三种：如果设置的时间为当前系统时间，则使用 SYSDATE。

数据的增加有两种操作格式：完整型、简便型。如果使用省略字段名的简化格式，则 VALUE 的值不能缺省，必须设为 NULL；否则会出现值的个数和字段不匹配的问题。因此，虽然使用简化语法需要录入的代码少了，但是这种操作并不可取，在实际的程序开发过程中，简化语法不利于程序的维护，建议编写完整的语法代码。

实例操作：

（1）完整型数据增加。

```
Insert into myemp(empno, ename, job, mgr, hiredate, sal, comm, deptno)
    values (1000, 'ZHANGSAN', 'LEADER', 7839,
        to_date('1983-10-1', 'yyyy-mm-dd'), 3500, 200, 40);
```

```
SQL> Insert into myemp(empno, ename, job, mgr, hiredate, sal, comm, deptno)
  2  values (1000,'ZHANGSAN','LEADER',7839,
  3  to_date('1983-10-1','yyyy-mm-dd'),3500,200,40);

已创建 1 行。

SQL> Select * from myemp;

     EMPNO ENAME                JOB                   MGR HIREDATE              SAL       COMM     DEPTNO
---------- -------------------- ------------------ ------ -------------- ---------- ---------- ----------
      7369 SMITH                CLERK                7902 17-12月-80            800                    20
      7499 ALLEN                SALESMAN             7698 20-2月 -81           1600        300         30
      7521 WARD                 SALESMAN             7698 22-2月 -81           1250        500         30
      7566 JONES                MANAGER              7839 02-4月 -81           9999                    20
      7654 MARTIN               SALESMAN             7698 28-9月 -81           1250       1400         30
      7698 BLAKE                MANAGER              7839 01-5月 -81           2850                    30
      7782 CLARK                MANAGER              7839 09-6月 -81           2450                    10
      7788 SCOTT                ANALYST              7566 19-4月 -87           3000                    20
      7839 KING                 PRESIDENT                 17-11月-81           5000                    10
      7844 TURNER               SALESMAN             7698 08-9月 -81           1500          0         30
      7876 ADAMS                CLERK                7788 23-5月 -87           1100                    20
      7900 JAMES                CLERK                7698 03-12月-81            950                    30
      7902 FORD                 ANALYST              7566 03-12月-81           3000                    20
      7934 MILLER               CLERK                7782 23-1月 -82           1300                    10
      1000 ZHANGSAN             LEADER               7839 01-10月-83           3500        200         40

已选择15行。
```

（2）简便型数据增加。

```
Insert into myemp
    values (1001, 'WANGMING', 'CLERK', 7839,
        to_date('1983-10-1', 'yyyy-mm-dd'), 2000, NULL, 40);
```

```
SQL> Insert into myemp
  2  values (1001,'WANGMING','CLERK',7839,
  3  to_date('1983-10-1','yyyy-mm-dd'),2000,40);
insert into myemp
            *
第 1 行出现错误:
ORA-00947: 没有足够的值


SQL> Insert into myemp
  2  values (1001,'WANGMING','CLERK',7839,
  3  to_date('1983-10-1','yyyy-mm-dd'),2000, ,40);
to_date('1983-10-1','yyyy-mm-dd'),2000, ,40)
                                        *
第 3 行出现错误:
ORA-00936: 缺失表达式


SQL> Insert into myemp
  2  values (1001,'WANGMING','CLERK',7839,
  3  to_date('1983-10-1','yyyy-mm-dd'),2000,NULL,40);

已创建 1 行。
```

此时必须保证增加的数据值和表结构的字段顺序完全一致。本书不建议采用这种写法。

如果使用省略字段名的简化格式，则 VALUE 的值不能缺省，必须设为 null；否则会出现值的个数和字段不匹配的问题。

```
Insert into myemp(empno, ename, job, mgr, hiredate, sal, comm, deptno)
    values (1002, 'LISI', 'SALESMAN', 7839,
        to_date('1983-10-1', 'yyyy-mm-dd'), 2500, null, 40);
```

```
SQL> Insert into myemp(empno,ename,job,mgr,hiredate,sal,comm,deptno)
  2  values (1002,'LISI','SALESMAN',7839,
  3  to_date('1983-10-1','yyyy-mm-dd'),2500,null,40);

已创建 1 行。
```

可以简化字段，不编写不需要的字段内容，则该字段值为默认值（如果未设置默认值，则自动填写 null）。

```
Insert into myemp(empno, ename, job, sal)
    values (1003, 'XIAOHONG', 'LEADER', 1500);
```

```
SQL> Insert into myemp(empno,ename,job,sal)
  2  values (1003,'XIAOHONG','LEADER',1500);

已创建 1 行。
```

```
SQL> Select * from myemp;

     EMPNO ENAME                JOB                       MGR HIREDATE            SAL       COMM     DEPTNO
---------- -------------------- ------------------ ---------- -------------- --------- ---------- ----------
      7369 SMITH                CLERK                    7902 17-12月-80           800                    20
      7499 ALLEN                SALESMAN                 7698 20-2月 -81          1600        300         30
      7521 WARD                 SALESMAN                 7698 22-2月 -81          1250        500         30
      7566 JONES                MANAGER                  7839 02-4月 -81          9999                    20
      7654 MARTIN               SALESMAN                 7698 28-9月 -81          1250       1400         30
      7698 BLAKE                MANAGER                  7839 01-5月 -81          2850                    30
      7782 CLARK                MANAGER                  7839 09-6月 -81          2450                    10
      7788 SCOTT                ANALYST                  7566 19-4月 -87          3000                    20
      7839 KING                 PRESIDENT                     17-11月-81          5000                    10
      7844 TURNER               SALESMAN                 7698 08-9月 -81          1500          0         30
      7876 ADAMS                CLERK                    7788 23-5月 -87          1100                    20
      7900 JAMES                CLERK                    7698 03-12月-81           950                    30
      7902 FORD                 ANALYST                  7566 03-12月-81          3000                    20
      7934 MILLER               CLERK                    7782 23-1月 -82          1300                    10
      1000 ZHANGSAN             LEADER                   7839 01-10月-83          3500        200         40
      1001 WANGMING             CLERK                    7839 01-10月-83          2000                    40
      1002 LISI                 SALESMAN                 7839 01-10月-83          2500                    40
      1003 XIAOHONG             LEADER                                            1500

已选择18行。
```

7.2　修改数据

如果要修改表中已有的数据，可以按照如下的语法进行：

```
UPDATE 表名称　SET 更新字段 1=更新值 1,更新字段 2=更新值 2,…
[WHERE 更新条件(s)];
```

如果更新时不加 WHERE 后面的更新条件，则意味着要更新全部数据。这种做法绝对不可取，因为如果表中已有的数据量较大，那么这种更新所耗费的时间会相当长，程序执行的性能就会明显降低。因此在进行数据库更新操作时，一定要写上更新的条件，避免全部更新。在并发访问量多的时候，还要减少单个用户操作使用的时间。

实例操作：

（1）将编号为 7788 雇员的岗位修改为 MANAGER，将奖金修改为 500 元。

Update myemp set job='MANAGER',comm=500 where empno=7788;

```
SQL> UPDATE myemp set job='MANAGER',comm=500 where empno=7788;
已更新 1 行。
SQL> Select * from myemp where empno=7788;
     EMPNO ENAME                JOB                    MGR HIREDATE            SAL       COMM     DEPTNO
---------- -------------------- ------------------ ------- ------------ ---------- ---------- ----------
      7788 SCOTT                MANAGER               7566 19-4月 -87         3000        500         20
```

将雇员 BLAKE 的工资和奖金都修改为与 SCOTT 的工资和奖金相同。

Update myemp set sal=(select sal from myemp where ename='SCOTT'),

comm=(select comm from myemp where ename='SCOTT')

where ename='BLAKE';

```
SQL>
SQL> Update myemp set sal=(select sal from myemp where ename='SCOTT'),
  2  comm=( select comm from myemp where ename='SCOTT')
  3  where ename='BLAKE';
已更新 1 行。
SQL>  Select * from myemp where ename='BLAKE';
     EMPNO ENAME                JOB                    MGR HIREDATE            SAL       COMM     DEPTNO
---------- -------------------- ------------------ ------- ------------ ---------- ---------- ----------
      7698 BLAKE                MANAGER               7839 01-5月 -81         3000        500         30
```

(2) 将所有工资低于公司平均工资的雇员工资上涨 20%。

第一步，求出公司的平均工资。

Select avg(sal) from myemp;

第二步，将低于平均工资的雇员工资上涨 20%。

Update myemp set sal=sal * 1.2 where sal<(Select avg(sal) from myemp);

```
SQL> Update myemp set sal=sal*1.2 where sal<( Select avg(sal) from myemp);
已更新10行。
```

7.3 删除数据

当表中的数据不再需要时，就可以使用如下的语法删除数据：

```
DELETE FROM 表名称
[WHERE 删除条件(s)];
```

与更新数据一样，如果没有写明删除条件，则表示删除表中的全部数据；如果删除的时候没有匹配条件的数据存在，则更新的记录数为“0”。

删除操作应尽可能减少使用，即使是在进行系统开发时。执行所有的删除操作之前建议先给出一个确认提示框，以防止用户误删除。

实例操作：

(1) 删除雇员编号是 1001 的雇员信息：

Delete from myemp where empno=1001;

```
SQL> Delete from myemp where empno=1001;
已删除 1 行。
```

（2）删除雇员编号是 1002、1003 的雇员信息：

Delete from myemp where empno in (1002,1003);

```
SQL> Delete from myemp where empno in (1002,1003);
已删除2行。
```

（3）删除高于公司平均工资的雇员信息：

Delete from myemp where sal>(select avg(sal) from myemp);

```
SQL> Delete from myemp where sal>(select avg(sal) from myemp);
已删除6行。
SQL> Select * from myemp;

     EMPNO ENAME      JOB              MGR HIREDATE          SAL       COMM     DEPTNO
---------- ---------- --------- ---------- ---------- ---------- ---------- ----------
      7369 SMITH      CLERK           7902 26-11月-20       1152                    20
      7499 ALLEN      SALESMAN        7698 26-11月-20       2304        300         30
      7521 WARD       SALESMAN        7698 26-11月-20       1800        500         30
      7654 MARTIN     SALESMAN        7698 26-11月-20       1800       1400         30
      7782 CLARK      MANAGER         7839 26-11月-20       2940                    10
      7844 TURNER     SALESMAN        7698 26-11月-20       2160          0         30
      7876 ADAMS      CLERK           7788 26-11月-20       1584                    20
      7900 JAMES      CLERK           7698 26-11月-20       1368                    30
      7934 MILLER     CLERK           7782 26-11月-20       1872                    10

已选择9行。
```

（4）删除表中的全部记录：

Delete from myemp;

```
SQL> Delete from myemp;
已删除9行。
SQL> Select * from myemp;
未选定行
```

此时 myemp 表仍然存在，但是表中的数据已经清空。

在任何系统中，删除操作都属于危险操作。实际上，一个稳定的系统对于删除操作都具备逻辑删除和物理删除两种方式。物理删除是直接执行 Delete from，彻底从表中删除数据；而逻辑删除是增加一个逻辑字段，比如 flag，其值为 1 时表示数据已经删除，为 0 时表示数据没有删除。执行删除操作相当于修改 flag 字段的值。例如：

WHERE 限定条件(Select * from … where flag=1)

7.4　事务处理

对数据表执行的操作中，很明显查询要比更新更加安全，因为更新操作有可能出现错误，导致没有按照既定的要求正确完成更新操作。在很多时候，更新操作有可能会由多条指令共同完成，下面以银行转账过程为例：

（1）判断 A 的账户中是否有 5000 万元；

（2）判断 B 账户是否存在以及其状态是否正常；

（3）从 A 的账户中移走 5000 万元；

（4）向 B 的账户中增加 5000 万元；

（5）向银行支付手续费用 5000 元。

以上五个操作是一个整体，可以理解为一个完整的业务，如果这其中过程（3）出错了，那么其他操作会怎样呢？其他操作都应该不再执行，并且回归到原始状态，这个操作流程就是事务处理。

事务处理要保证数据操作的完整性，所有的操作要么同时成功，要么同时失败（图 7－1）。在 Oracle 中，对于每一个连接到数据库的窗口（sqlplus、sqlplusw），连接之后都会与数据库建立一个会话，即每一个连接到数据库上的用户都表示创建了一个会话。把每一个连接到数据库上的用户称为一个会话，会话之间彼此独立，不会有任何通信，每一个会话独享自己的事务控制。事务控制中主要使用两个命令：

（1）事务的回滚（ROLLBACK）：更新操作回到原点。如果发现更新操作有问题，则恢复所有更新操作，以保证原始数据不被破坏。

（2）事务的提交（COMMIT）：真正发出的更新操作。如果已经执行了多条更新操作，那么只有执行了 COMMIT 之后，更新才会真正发出；否则所有的更新操作都会保存在缓冲区，一旦提交之后则无法回滚。

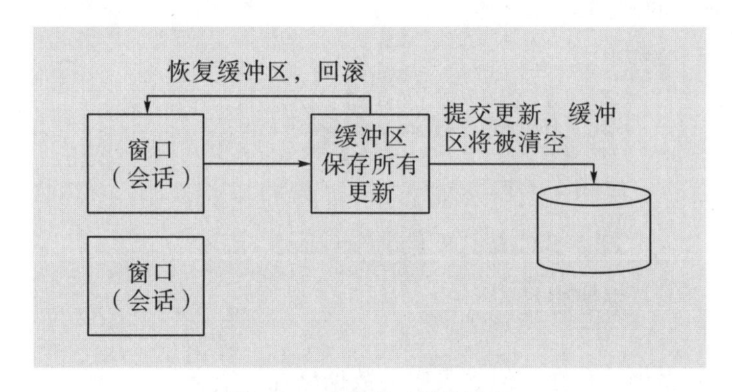

图 7－1　事物处理操作流程

一个会话对数据库所做的修改，不会立刻反映到数据库的真实数据上，而是允许回滚。当一个会话提交所有的操作后，数据库才真正做出修改。但是这样一来也会出现一些问题，例如，某一个会话在更新数据表的时候还没有提交事务，则其他会话就无法完成更新，必须等待之前的会话提交事务后才可以。这在 Oracle 中称为死锁，即一个会话如果更新了数据库中的记录，其他会话是无法立刻更新的，要等待之前的会话提交事务后才允许更新。所有的数据更新都要受到事务的控制。

此外，只有更新操作存在事务处理，DDL 操作不支持事务处理。如果发生了 DDL 操作，则会出现严重问题：所有未提交的更新事务将会被自动提交。

实例操作：

（1）事务操作示例。

Delete from myemp where empno=7788;

现在执行的删除命令被保存在缓冲区中。如果没有提交，那么此时发现错误就可以利用回滚命令进行数据恢复：

Roll back;

如果此时提交了事务，则无法恢复数据。此时再执行回滚操作是无效的。

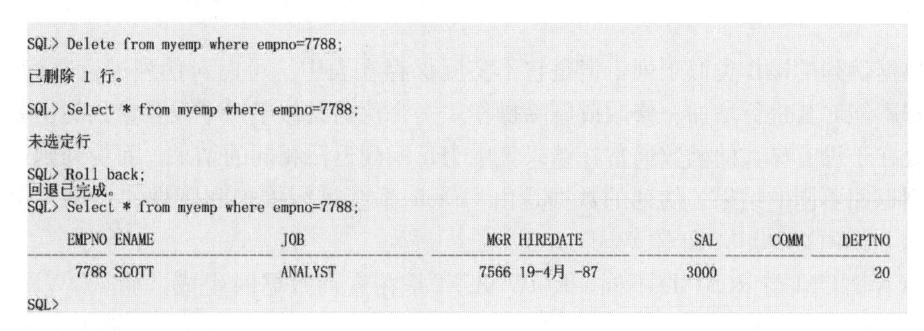

（2）死锁问题示例。

每个会话都有独立的事务处理，如果会话 A 和会话 B 更新了同一个数据，结果会怎样呢？

会话 B 发出如下操作：

Update myemp set sal=5000 where empno=7566;

会话 A 发出如下操作：

Update myemp set comm=3000 where empno=7839;－－结果正确

会话 B 发出如下操作：

Update myemp set comm=3000 where empno=7566;－－此时会话 B 保持等待

会话 A 发出如下操作：

Roll back;－－此时会话 B 显示已更新一行

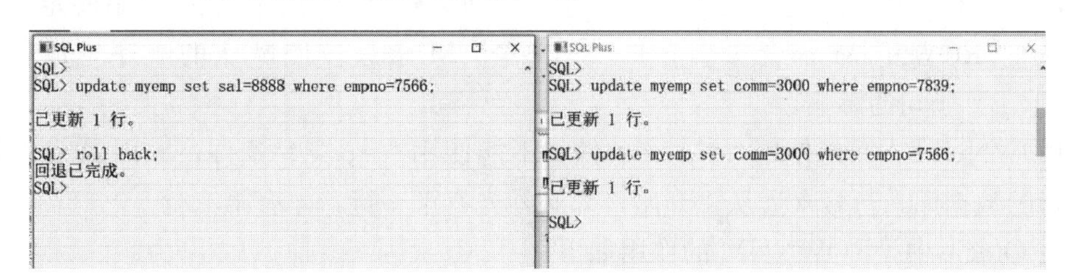

由于此时是会话 B 先发出更新指令，并且没有进行任何事务操作（COMMIT 或 ROLLBACK），因此第二个会话会一直等待第一个会话提交完成后再发起更新。

```
SQL> Update myemp set comm=3000 where empno=7566;
已更新 1 行。
SQL> Commit;
提交完成。
```

第 8 章　数据伪列

数据伪列的操作类似于列，但是它不实际保存在表中。可以对伪列进行查询操作，但是却不能对其进行增加、修改或删除操作。一个伪列类似于一个没有参数的函数。不同之处在于没有参数的函数通常在结果集中为每一列返回相同的结果，而伪列则通常为每一列返回不同的结果。伪列的数据是由 Oracle 系统进行维护和管理的，最常用的伪列有两个：ROWNUM 和 ROWID。

ROWNUM 与 ROWID 不同，ROWNUM 是在查询数据时生成，而 ROWID 是在插入记录时生成。ROWNUM 标识的是查询结果中行的次序，而 ROWID 标识的是行的物理地址。

8.1　ROWNUM（行编号）

ROWNUM 是在执行查询操作时由 Oracle 为每一行记录自动生成的一个编号。默认情况下只显示数据表中结构的内容，然而也可以利用 ROWNUM 对显示的数据进行自动的行编号。

在查询到的结果集中，ROWNUM 为结果集中的每一行标识一个行号，第一行返回 1，第二行返回 2，以此类推。通过 ROWNUM 伪列可以限制查询结果集中返回的行数。

ROWNUM 作为伪列使用，对记录进行自动编号时是动态生成的，不固定。每一次查询时 ROWNUM 都会重新生成。ROWNUM 永远按照默认的顺序生成，不受 ORDER BY 子句的影响。

ROWNUM 中只能使用<、<=条件，不能使用 > 、>=条件，原因是 Oracle 是基于行的数据库，行号永远从 1 开始，即必须先有第一行，才有第二行。

在 Oracle 中，ROWNUM 的作用如下：

（1）取出第一行记录；

（2）取出前 N 行记录。

实例操作：

（1）ROWNUM 操作。

```
Select empno,ename,job from emp;
Select rownum,empno,ename,job from emp;
```

```
SQL> Select rownum,empno,ename,job from emp;

    ROWNUM      EMPNO ENAME                JOB
---------- ---------- -------------------- ------------------
         1       7369 SMITH                CLERK
         2       7499 ALLEN                SALESMAN
         3       7521 WARD                 SALESMAN
         4       7566 JONES                MANAGER
         5       7654 MARTIN               SALESMAN
         6       7698 BLAKE                MANAGER
         7       7782 CLARK                MANAGER
         8       7788 SCOTT                ANALYST
         9       7839 KING                 PRESIDENT
        10       7844 TURNER               SALESMAN
        11       7876 ADAMS                CLERK
        12       7900 JAMES                CLERK
        13       7902 FORD                 ANALYST
        14       7934 MILLER               CLERK

已选择14行。
```

ROWNUM不是emp表的数据列，它是一种伪列，即对记录进行了一次自动编号，这些编号是动态生成的，不是固定的。

Select rownum,empno,ename,job from emp where deptno=10;

```
SQL> Select rownum,empno,ename,job from emp where deptno=10;

    ROWNUM      EMPNO ENAME                JOB
---------- ---------- -------------------- ------------------
         1       7782 CLARK                MANAGER
         2       7839 KING                 PRESIDENT
         3       7934 MILLER               CLERK
```

所有ROWNUM都是在查询时一行行处理的。

（2）查询emp表的第一行记录：

Select * from emp where rownum=1;

```
SQL>
SQL> Select * from emp where rownum=1;

     EMPNO ENAME                JOB                       MGR HIREDATE          SAL       COMM     DEPTNO
---------- -------------------- ------------------ ---------- ---------- ---------- ---------- ----------
      7369 SMITH                CLERK                    7902 17-12月-80        800                    20

SQL> Select * from emp where rownum=2;

未选定行
```

在使用ROWNUM操作时，取出前N行记录是最有用的操作。

（3）查询emp表中的前5行记录：

Select * from emp where rownum<=5;

```
SQL> Select * from emp where rownum<=5;

     EMPNO ENAME                JOB                       MGR HIREDATE          SAL       COMM     DEPTNO
---------- -------------------- ------------------ ---------- ---------- ---------- ---------- ----------
      7369 SMITH                CLERK                    7902 17-12月-80        800                    20
      7499 ALLEN                SALESMAN                 7698 20-2月 -81       1600        300         30
      7521 WARD                 SALESMAN                 7698 22-2月 -81       1250        500         30
      7566 JONES                MANAGER                  7839 02-4月 -81       9999                    20
      7654 MARTIN               SALESMAN                 7698 28-9月 -81       1250       1400         30
```

（4）查询emp表中第6～10行记录：

Select rownum,empno,ename,job from emp

where rownum between 6 and 10;——错误

```
SQL> Select rownum, empno, ename, job from emp where rownum between 6 and 10;
未选定行
```

应按图 8-1 所示思路完成操作。

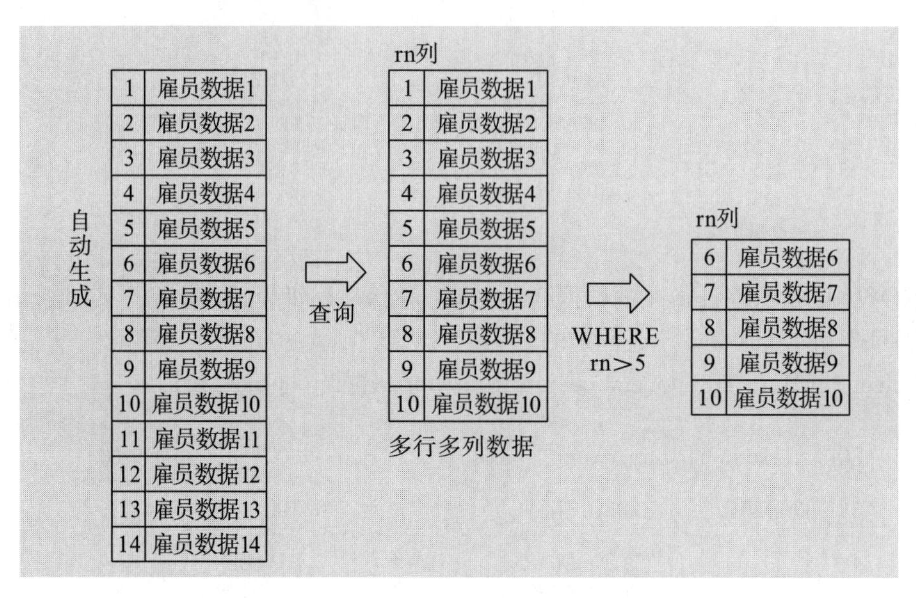

图 8-1　查询 emp 表中第 6~10 行记录

第一步，查询前 10 行记录。

Select empno, ename, job, sal, hiredate, rownum from emp where rownum<=10;

```
SQL> Select empno, ename, job, sal, hiredate, rownum from emp where rownum<=10;

     EMPNO ENAME                JOB                       SAL HIREDATE            ROWNUM
---------- -------------------- ------------------ ---------- -------------- ----------
      7369 SMITH                CLERK                     800 17-12月-80              1
      7499 ALLEN                SALESMAN                 1600 20-2月 -81              2
      7521 WARD                 SALESMAN                 1250 22-2月 -81              3
      7566 JONES                MANAGER                  9999 02-4月 -81              4
      7654 MARTIN               SALESMAN                 1250 28-9月 -81              5
      7698 BLAKE                MANAGER                  2850 01-5月 -81              6
      7782 CLARK                MANAGER                  2450 09-6月 -81              7
      7788 SCOTT                ANALYST                  3000 19-4月 -87              8
      7839 KING                 PRESIDENT                5000 17-11月-81              9
      7844 TURNER               SALESMAN                 1500 08-9月 -81             10

已选择10行。
```

第二步，第一步会返回多行多列数据，可以作为 FROM 的子句，进行子查询。

```
Select *
from(select empno, ename, job, sal, hiredate, rownum rn from emp
where rownum<=10)temp
where temp.rn>5;
```

```
SQL> Select *
  2  From(select empno, ename, job, sal, hiredate, rownum rn from emp
  3  Where rownum<=10)temp
  4  Where temp.rn>5;

     EMPNO ENAME                JOB                       SAL HIREDATE              RN
---------- -------------------- ------------------ ---------- -------------- ----------
      7698 BLAKE                MANAGER                  2850 01-5月 -81              6
      7782 CLARK                MANAGER                  2450 09-6月 -81              7
      7788 SCOTT                ANALYST                  3000 19-4月 -87              8
      7839 KING                 PRESIDENT                5000 17-11月-81              9
      7844 TURNER               SALESMAN                 1500 08-9月 -81             10
```

（5）查询第 11～15 行记录：

Select *

from(select empno, ename, job, sal, hiredate, rownum rn from emp

where rownum<=15) temp

where temp. rn>10;

```
SQL> Select *
  2  From(select empno, ename, job, sal, hiredate, rownum rn from emp
  3  Where rownum<=15)temp
  4  Where temp.rn>10;

     EMPNO ENAME                JOB                       SAL HIREDATE              RN
---------- -------------------- ------------------ ---------- -------------- ----------
      7876 ADAMS                CLERK                    1100 23-5月 -87             11
      7900 JAMES                CLERK                     950 03-12月-81             12
      7902 FORD                 ANALYST                  3000 03-12月-81             13
      7934 MILLER               CLERK                    1300 23-1月 -82             14
```

设两个变量，correntpage：第几页；linesize：一页有几行记录。

Oracle 中分页的语法格式如下：

```
Select *
From(select 列名,列名,…,rownum rn from 表名,表名,…
Where rownum<=(correntpage * linesize)) temp
Where temp.rn>((correntpage-1) * linesize);
```

Select *

from (select empno, ename, job, sal, hiredate, rownum rn from emp

where rownum<=5) temp

where temp. rn>0;

```
SQL> Select *
  2  From(select empno, ename, job, sal, hiredate, rownum rn from emp
  3  Where rownum<=5)temp
  4  Where temp.rn>0;

     EMPNO ENAME                JOB                       SAL HIREDATE              RN
---------- -------------------- ------------------ ---------- -------------- ----------
      7369 SMITH                CLERK                     800 17-12月-80              1
      7499 ALLEN                SALESMAN                 1600 20-2月 -81              2
      7521 WARD                 SALESMAN                 1250 22-2月 -81              3
      7566 JONES                MANAGER                  9999 02-4月 -81              4
      7654 MARTIN               SALESMAN                 1250 28-9月 -81              5
```

```
Select *
from(select empno,ename,job,sal,hiredate,rownum rn from myemp
where rownum<=15) temp
where temp.rn>10;
```

```
SQL> Select *
  2  From(select empno,ename,job,sal,hiredate,rownum rn from myemp
  3  Where rownum<=15)temp
  4  Where temp.rn>10;

     EMPNO ENAME                JOB                        SAL HIREDATE               RN
---------- -------------------- ------------------ ---------- -------------- ----------
      7876 ADAMS                CLERK                     1100 23-5月 -87              11
      7900 JAMES                CLERK                      950 03-12月-81              12
      7902 FORD                 ANALYST                   3000 03-12月-81              13
      7934 MILLER               CLERK                     1300 23-1月 -82              14
```

8.2 ROWID（记录编号）

在保存表中数据的时候，除了用户可以看到的数据列，所有表中的数据行都有一个唯一的物理地址编号。这个编号可以通过 ROWID 查找到。

ROWID 是表的伪列，用来唯一标识表中的一条记录，并且间接给出表行的物理位置，是定位表行最快的一种方式。

ROWID 与主键的区别：

（1）主键是一条业务数据的唯一标识。它是给用户使用的，而不是给数据库使用的。

（2）ROWID 主要是给数据库使用的，类似于 UUID。

ROWID 与 ROWNUM 的区别：

在使用 INSERT 语句插入数据时，Oracle 会自动生成 ROWID 并将其值与表的数据一起存放到表行中，是实际存在的。查询时不须写出 ROWID。这与 ROWNUM 有很大的不同，ROWNUM 不是表中原本的数据，只是在查询时才自动生成的，ROWNUM 默认的排序就是根据 ROWID 得到的。

ROWID 的作用：

（1）能以最快的方式访问表中的一行；

（2）能显示表的行是如何存储的；

（3）可以作为表中行的唯一标识。

实例操作：

（1）查看 ROWID：

```
Select rowid,empno,ename,job,sal from emp;
```

```
SQL> Select rowid,empno,ename,job,sal from emp;

ROWID                   EMPNO ENAME                JOB                     SAL
------------------ ---------- -------------------- ------------------ ----------
AAAR3sAAEAAAACXAAA       7369 SMITH                CLERK                   800
AAAR3sAAEAAAACXAAB       7499 ALLEN                SALESMAN               1600
AAAR3sAAEAAAACXAAC       7521 WARD                 SALESMAN               1250
AAAR3sAAEAAAACXAAD       7566 JONES                MANAGER                9999
AAAR3sAAEAAAACXAAE       7654 MARTIN               SALESMAN               1250
AAAR3sAAEAAAACXAAF       7698 BLAKE                MANAGER                2850
AAAR3sAAEAAAACXAAG       7782 CLARK                MANAGER                2450
AAAR3sAAEAAAACXAAH       7788 SCOTT                ANALYST                3000
AAAR3sAAEAAAACXAAI       7839 KING                 PRESIDENT              5000
AAAR3sAAEAAAACXAAJ       7844 TURNER               SALESMAN               1500
AAAR3sAAEAAAACXAAK       7876 ADAMS                CLERK                  1100
AAAR3sAAEAAAACXAAL       7900 JAMES                CLERK                   950
AAAR3sAAEAAAACXAAM       7902 FORD                 ANALYST                3000
AAAR3sAAEAAAACXAAN       7934 MILLER               CLERK                  1300

已选择14行。
```

- 数据的对象编号：AAAR3s
- 数据保存的文件编号：AAE
- 数据保存的块号：AAAACX
- 数据保存的行号：AAA，AAB，…

(2) 使用 ROWID 查询一行记录：

Select * from emp where rowid='AAAR3sAAEAAAACXAAB';

```
SQL> Select * from emp where rowid='AAAR3sAAEAAAACXAAB';
     EMPNO ENAME                JOB                       MGR HIREDATE            SAL       COMM     DEPTNO
---------- -------------------- ------------------ ---------- -------------- ---------- ---------- ----------
      7499 ALLEN                SALESMAN                 7698 20-2月 -81           1600        300         30
```

在任何情况下都可以通过 ROWID 找到唯一一行记录，但是平时使用并不方便。

第 9 章　表的创建与管理

前面用到的 emp、dept、salgrade 都是 Oracle 系统内已经建好的表，在 SQL 语法中同样支持表的创建语句。创建表包括三个要素，即表名、列名、数据类型。每个表都有对应不同的列，每个列都有唯一对应的数据类型。因此，在创建表之前应先了解 Oracle 中最常用到的几种数据类型。

9.1　常用的数据类型

数据表实际上就是各种数据类型的集合（表 9−1）。

表 9−1　常用的数据类型

序号	类型	作用
1	Varchar2（n）	表示字符串，其中 n 表示最大长度，一般保存长度比较小的内容，比如姓名、地址、电话等，一般 200 字以内的内容都用 Varchar2
2	Number（n，m）	Numer（n）：表示整数数据，最多不能超过 n 个长度，可以使用 int 类型代替
		Number（n，m）：表示小数占 m 位，而整数占 n−m 位，可以使用 float 类型代替
3	Date	保存日期和时间数据
4	Clob	大文本数据，最多可以保存 4G 容量的文字
5	Blob	二进制数据，最多可以保存 4G 容量的内容，包括文字、图片、音乐、电影等，目前已经很少使用

9.2　表的创建

表的创建需要依照标准语法进行，在表的创建过程中会指定约束条件，这里先给出一个创建表的简单语法：

```
CREATE TABLE 表名称(
    字段名称 1　字段类型[DEFAULT 默认值],
    字段名称 2　字段类型[DEFAULT 默认值],
    …
    字段名称 n　字段类型[DEFAULT 默认值],
    )
```

进行数据增加时，如果没有指定内容，那么就使用默认值填充。

实例操作：

(1) 创建一张表 mb。

Create table mb(mid number, name varchar2(10) default'无名氏', age number(3), birthday date default sysdate, note clob);

```
SQL> Create table mb(mid number,name varchar2(10) default'无名氏',age number(3),birthday date default sysdate,n
ote clob);

表已创建。

SQL> desc mb;
 名称
                                                          是否为空? 类型
 ----------------------------------------------------------------------------------
 MID                                                               NUMBER
 NAME                                                              VARCHAR2(10)
 AGE                                                               NUMBER(3)
 BIRTHDAY                                                          DATE
 NOTE                                                              CLOB
```

(2) 向 mb 表中增加数据：

Insert into mb(mid, name, age, birthday, note) values

(10, 'zhangsan', 30, to_date('1985－1－11', 'yyyy－mm－dd'), '张三');

```
SQL> Insert into mb(mid,name,age,birthday,note) values
  2  (10,'zhangsan',30,to_date('1985-1-11','yyyy-mm-dd'),'张三');

已创建 1 行。
```

(3) 使用默认数据填充 mb 表：

Insert into mb(mid, age, note) values (20, 20, '是李四');

进行数据增加时，如果没有指定内容，那么就使用默认值填充。

```
SQL> Insert into mb(mid,age,note)values (20,20,'是李四');

已创建 1 行。

SQL> Select * from mb;

       MID NAME                       AGE BIRTHDAY         NOTE
---------- -------------------- ---------- -------------- ---------------
-------------------------

        10 zhangsan                    30 11-1月 -85     张三
        20 无名氏                      20 26-11月-20     是李四

SQL>
```

9.3 表的删除

数据表的删除操作也属于对象的删除，其语法格式如下：

```
DROP TABLE 表名称;
```

如果表中已经存在大量记录，则进行删除操作会很麻烦。

实例操作：

（1）显示当前系统中的所有表：

Select * from tab；（下面是一部分截图）

```
DEPT                TABLE
DEPTSS              TABLE
DEPTSTAT            TABLE
EMP                 TABLE
EMP10               TABLE
EMP20               TABLE
```

（2）删除数据表：

Drop table emp10；

```
SQL> Drop table emp10;

表已删除。

SQL> Select * from emp10;
select * from emp10
              *
第 1 行出现错误:
ORA-00942: 表或视图不存在
```

注意：Oracle 中并未提供删除全部数据表的命令。

9.4 修改表结构

在 SQL 语法操作中，通过 ALTER 指令可以实现增加新列。

9.4.1 增加数据列

在表中增加数据列的语法格式如下：

```
ALTER TABLE 表名称 ADD(
    列名称 类型[DEFAULT 默认值],
    列名称 类型[DEFAULT 默认值],…);
```

9.4.2 修改数据列

修改表中数据列的语法格式如下：

```
ALTER TABLE 表名称 MODIFY(
    列名称 类型[DEFAULT 默认值],
    列名称 类型[DEFAULT 默认值],…);
```

9.4.3 删除数据列

删除表中数据列的语法格式如下：

```
ALTER TABLE DROP COLUMN 列名称;
```

在实际操作中，最好不要修改表的结构，否则会给维护带来很多麻烦，建议先删除表，然后重新创建。

实例操作：

一般数据库对脚本文件的要求是：文件名为 *.sql；要编写删除数据表的语句、创建数据表的语句，测试数据，执行事务提交。以下脚本可以写在记事本中。

```
Drop table member purge;——删除数据表
create table member(
    mid number,
    name   varchar2(50)
);——创建数据表
insert into member(mid,name) values (10,'张三');——测试数据
insert into member(mid,name) values (20,'李四');——测试数据
commit;——事务提交
```

```
SQL> drop table member purge; --删除数据表
  2  create table member(
  3  mid number,
  4  name   varchar2(50)
  5  ); --创建数据表
  6  insert into member(mid,name) values (10,'张三'); --测试数据
  7  insert into member(mid,name) values (20,'李四'); --测试数据
  8  commit; --事务提交
  9
SQL> Select * from member;

       MID NAME
---------- ------------------------------------------------------------

        10 张三
        20 李四
```

以上数据表中只定义了两个列名称。

(1) 向表中增加数据列的语法格式如下：

ALTER TABLE 表名称 ADD (

列名称　类型［DEFAULT 默认值］,
列名称　类型［DEFAULT 默认值］，…）；
增加一列，但是没有设置默认值：
Alter table member add (email varchar2(10)); //email 列为 null
增加一列，设置了默认值：
Alter table member ADD(sex varchar2(5) default '男');

```
SQL> Alter table member add (email varchar2(20));
表已更改。
SQL> ALTER TABLE member ADD(sex varchar2(5) default '男');
表已更改。
SQL> select * from member;

       MID NAME
EMAIL                                      SEX
---------- ----------------------------------------
---------------------------------------- ----------
        10 张三
                                           男
        20 李四
                                           男
```

（2）修改表中的数据列的语法格式如下：
ALTER TABLE 表名称 MODIFY（
列名称　类型［DEFAULT 默认值］,
列名称　类型［DEFAULT 默认值］，…）；
将 name 的长度修改为 20，默认值设置为无名：
Alter table member modify(name varchar2(10) default '无名');

```
SQL> Alter table member modify(name varchar2(20) default '无名');
表已更改。
```

（3）删除表中的数据列的语法格式如下：
ALTER TABLE DROP COLUMN 列名称；
删除 sex 列：
Alter table member drop column sex;

```
SQL> Select * from member;

       MID NAME                 EMAIL
---------- -------------------- --------------------
        10 张三
        20 李四
        30 无名
        40 无名
```

总结：关于数据库中对象的操作有三种情形，即创建对象（CREATE）、删除对象（DROP）和修改对象（ALTER）。

9.5　表的重命名

每一个数据表都是 Oracle 系统中的一个对象。所有对象必须由 Oracle 统一管理。在 Oracle 中为了记录所有对象的信息，使用了数据字典的概念：

- 用户级别：由 user _ □开头，指的是一个用户可以使用的数据字典；
- 管理员级别：由 dba _ □开头，指的是数据库管理员可以使用的数据字典；
- 全部级别：由 all _ □开头，表示不管用户还是管理员都可以使用。

表的重命名就是更新数据字典中的相应信息。数据字典的信息由 Oracle 系统维护，此信息的修改必须使用特定的 Oracle 命令完成。在 Oracle 中提供了 RENAME 命令，可以为数据表重新命名，但此语句只能在 Oracle 中使用。其语法格式如下：

```
RENAME 旧的表名称 TO 新的表名称;
```

实例操作：

查询一个用户全部的数据表（user _ tables）：

Select * from user _ tables;

此时会列出数据库表对象的全部信息，包括名称、存储情况等，由于信息太多，一般会选择常见信息展示，比如 table _ name，tablespace _ name 等。

Select table _ name, tablespace _ name from user _ tables;

```
SQL> Select table_name,tablespace_name from user_tables;

TABLE_NAME                                   TABLESPACE_NAME
-------------------------------------------- ------------------
----------
DEPT                                         USERS
EMP                                          USERS
BONUS                                        USERS
SALGRADE                                     USERS
MEMP                                         USERS
MYDEPT                                       USERS
DEPTSTAT                                     USERS
DEPTSS                                       USERS
MEMBER                                       USERS
MYTAB                                        USERS
MYEMP                                        USERS
MB                                           USERS
PERSON                                       USERS

已选择13行。
```

将 mb 表更名为 member1 表：

Rename mb to member1;－－已更名

此时，执行 roll back 后再查询 mb 表，mb 表不存在。为什么之前并没有提交，现在却不能回滚了呢？这里须特别注意：在 DML 操作中，一旦执行了 DDL 操作，则所有之前的操作默认全部提交。

```
SQL> Rename mb to member1;

表已重命名。

SQL> roll back;
回退已完成。
SQL> Select * from member1;

       MID NAME                                 AGE BIRTHDAY       NOTE
---------- -------------------- ---------- -------------- ------------
----------------------------

        10 zhangsan                              30 11-1月 -85     张三
        20 无名氏                                20 26-11月-20     是李四

SQL> Select * from mb;
Select * from mb
              *
第 1 行出现错误:
ORA-00942: 表或视图不存在
```

9.6　截断表

如果想清空一张表，可以使用 DELETE，但是执行 DELETE 之后，该表所占用的资源（约束、索引等）并不会立刻释放，可以通过 ROLL BACK 进行回滚。

如果想要清空表占用的所有资源，不再回滚，可以使用截断表的操作。其语法格式如下：

```
TRUNCATE TABLE 表名称;
```

表被截断后只剩一个表结构，其中没有数据了。

实例操作：

Truncate table member1;　--表被截断，此时只剩一个表结构，其中没有数据

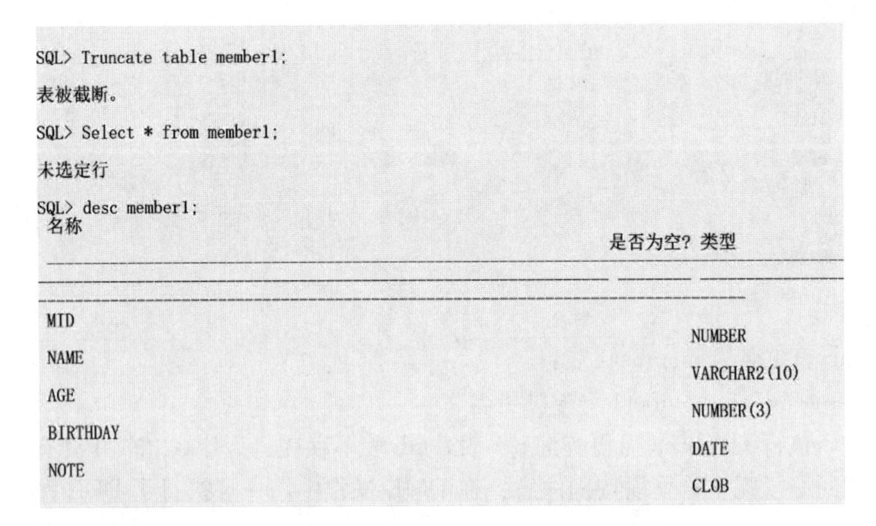

```
SQL> Truncate table member1;

表被截断。

SQL> Select * from member1;

未选定行

SQL> desc member1;
 名称
                                                    是否为空? 类型
-----------------------------------------------------------------
------------------------------------------------ -------- ----------
------------------------------------------------------------
 MID                                                          NUMBER
 NAME                                                         VARCHAR2(10)
 AGE                                                          NUMBER(3)
 BIRTHDAY                                                     DATE
 NOTE                                                         CLOB
```

9.7　表的复制

复制表的语法格式如下：

```
CREATE TABLE 表名称 AS 子查询;
```

这个语法格式是根据子查询返回的结构创建数据表，并将子查询中的数据保存到新的数据表中，从而实现表的复制。

实例操作：

（1）创建一张只包含部门10雇员信息的数据表：

Create table emp10 as select * from emp where deptno=10;

```
SQL> Create table emp10 as Select * from emp where deptno=10;
表已创建。
SQL> Select * from emp10;

 EMPNO ENAME      JOB          MGR HIREDATE     SAL   COMM  DEPTNO
------ ---------- --------- ------ ---------- ----- ------ -------
  7782 CLARK      MANAGER     7839 09-6月 -81   2450            10
  7839 KING       PRESIDENT        17-11月-81   5000            10
  7934 MILLER     CLERK       7782 23-1月 -82   1300            10
```

（2）创建一张只包含部门20雇员编号、姓名、工资的数据表：

Create table emp20 as select empno, ename, sal from emp where deptno=20;

```
SQL> Create table emp20 as select empno, ename, sal from emp where deptno=20;
表已创建。
SQL> Select * from emp20;

 EMPNO ENAME             SAL
------ ---------- ----------
  7369 SMITH             800
```

（3）创建一张包含部门统计信息的数据表：

Create table newdept as

select d.deptno, d.dname, d.loc, temp.count, temp.avg

from dept d, (select deptno dno, count(empno) count, avg(sal) avg

from emp Group by deptno) temp

where d.deptno=temp.dno(+);

```
SQL> Create table newdept as
  2  Select d.deptno, d.dname, d.loc, temp.count, temp.avg
  3  from dept d, (select deptno dno, count(empno) count, avg(sal) avg
  4  From emp Group by deptno) temp
  5  Where d.deptno=temp.dno(+);
表已创建。
SQL> Select * from newdept;

 DEPTNO DNAME          LOC           COUNT        AVG
------- -------------- ------------- ----- ----------
     10 ACCOUNTING     NEW YORK          3 2916.66667
     20 RESEARCH       DALLAS            5     3579.8
     30 SALES          CHICAGO           6 1566.66667
     40 OPERATIONS     BOSTON
```

（4）复制 emp 的表结构，但是不要里面的数据：

Create table nullemp as select * from emp where 1=2;

```
SQL> Create table nullemp as Select * from emp where 1=2;

表已创建。

SQL> desc nullemp;
 名称                                              是否为空? 类型
 ------------------------------------------------- -------- ------------
 EMPNO                                                      NUMBER(4)
 ENAME                                                      VARCHAR2(10)
 JOB                                                        VARCHAR2(9)
 MGR                                                        NUMBER(4)
 HIREDATE                                                   DATE
 SAL                                                        NUMBER(7,2)
 COMM                                                       NUMBER(7,2)
 DEPTNO                                                     NUMBER(2)
```

9.8 闪回技术

闪回技术（Flashback）是Oracle强大数据库备份恢复机制的一部分，在数据库发生逻辑错误的时候，闪回技术能提供快速且损失最小的恢复（多数闪回功能都能在数据库联机状态下完成）。需要注意的是，闪回技术旨在快速恢复逻辑错误，对于物理损坏或介质丢失的错误，闪回技术就回天乏术了，还是得借助于Oracle一些高级的备份恢复工具如RAMN来完成。

Oracle提供了4种闪回技术：闪回查询、闪回删除、闪回归档、闪回数据库。每种闪回技术都由不同的底层体系结构支撑，但这4种不同的闪回技术的部分功能是重叠的，在使用时可根据实际场景合理选择最适合的闪回技术。

这里重点介绍闪回删除技术。在Oracle 10g之前，如果执行DROP TABLE命令，就意味着表被删除了。而10g版本后对表的删除仅表现为一个RENAME操作，引入回收站的概念，但此回收站仅是当前表空间的一块逻辑划分，因此会受限于表空间的容量，本质上类似于Windows系统的回收站。

功能描述：闪回删除可以轻松地将一个已经执行DROP TABLE命令的表还原回来。相应的索引、数据库约束也会被还原（外键约束除外）。

原理描述：对于早期的Oracle版本（10g之前），闪回删除意味着从数据字典中删除该表的所有引用，虽然表中数据可能还存在，但已经没办法进行恢复。10g版本之后，DROP命令则仅仅是一个RENAME操作，所以恢复就很容易了。

实例操作：

（1）查看回收站：

Show recyclebin;

```
SQL> show recyclebin;
ORIGINAL NAME    RECYCLEBIN NAME                OBJECT TYPE  DROP TIME
---------------- ------------------------------ ------------ -------------------
BOOK             BIN$p15HKTTzSEK39eBW4KYHeQ==$0 TABLE        2020-06-17:09:38:45
EMP10            BIN$wpaD2cP9REKPH1VZ3/po3Q==$0 TABLE        2020-11-26:11:32:14
MB               BIN$kCBVXnmlTfihE04tJtjiiw==$0 TABLE        2020-11-26:11:08:57
MEMBER           BIN$7be+cgc+TFaGf7K81kFQxA==$0 TABLE        2020-06-17:09:41:10
MEMBER           BIN$U9Z7QI+IQNS+NbyT4MqTjw==$0 TABLE        2020-06-17:09:38:56
MEMBER           BIN$GjevuUG5T1SJokmbbKsf0A==$0 TABLE        2020-06-16:23:35:13
MYEMP            BIN$0yNzrUkST0uNJc157c9/PQ==$0 TABLE        2020-11-26:10:23:09
MYEMP            BIN$z+EEholgS1q2U0aFdij68Q==$0 TABLE        2020-11-26:09:33:20
MYTAB            BIN$jGyXuyDuQ7u4FQe7kFS5Zg==$0 TABLE        2020-06-17:11:06:04
SQL>
```

Select original _ name, droptime from user _ recyclebin;

```
SQL> Select original_name,droptime from user_recyclebin;

ORIGINAL_NAME                                    DROPTIME
------------------------------------------------ -------------------
PK_MID                                           2020-06-16:23:35:13
MEMBER                                           2020-06-16:23:35:13
PK_BID                                           2020-06-17:09:38:45
BOOK                                             2020-06-17:09:38:45
PK_MID                                           2020-06-17:09:38:56
MEMBER                                           2020-06-17:09:38:56
PK_MID                                           2020-06-17:09:41:10
MEMBER                                           2020-06-17:09:41:10
PK_ID                                            2020-06-17:11:06:04
MYTAB                                            2020-06-17:11:06:04
MYEMP                                            2020-11-26:09:33:20
MYEMP                                            2020-11-26:10:23:09
SYS_IL0000077898C00005$$                         2020-11-26:11:08:57
SYS_LOB0000077898C00005$$                        2020-11-26:11:08:57
MB                                               2020-11-26:11:08:57
EMP10                                            2020-11-26:11:32:14

已选择16行。
```

（2）通过回收站恢复一张被删除的数据表：

Flashback table emp10 to before drop;

```
SQL> Flashback table emp10 to before drop;

闪回完成。

SQL> Select * from emp10;

     EMPNO ENAME      JOB              MGR HIREDATE        SAL       COMM     DEPTNO
---------- ---------- --------- ---------- ---------- -------- ---------- ----------
      7782 CLARK      MANAGER         7839 09-6月 -81     2450                    10
      7839 KING       PRESIDENT            17-11月-81     5000                    10
      7934 MILLER     CLERK           7782 23-1月 -82     1300                    10
```

（3）强制删除数据表，不可恢复：

Drop table emp10 purge;

```
SQL> Drop table emp10 purge;

表已删除。

SQL> Flashback table emp10 to before drop;
Flashback table emp10 to before drop
*
第 1 行出现错误:
ORA-38305: 对象不在回收站中
```

（4）删除回收站的数据表：

Purge table myemp;

```
SQL> Purge table myemp;
表已清除。
```

（5）清空回收站：

Purge recyclebin;

```
SQL> Purge recyclebin;
回收站已清空。
SQL> Select original_name,droptime from user_recyclebin;
未选定行
```

第 10 章　约束的创建与管理

在所有数据库设计完成后，约束是必不可少的支持，因此一定要为数据表设计约束，以保证数据表中的数据合法有效。约束是保证数据库中数据完整性的一种手段。

10.1　约束的概念

约束是强加在表上的规则或条件，确保数据库满足业务规则，保证数据的完整性。当对表进行 DML 或 DDL 操作时，如果此操作会造成表中的数据违反约束条件或规则，系统就会拒绝执行这个操作。约束可以是列级别的，也可以是表级别的。定义约束时若没有给出约束的名字，Oracle 系统会为该约束自动生成一个名字，其格式为 SYS _ Cn，其中 n 为自然数。

约束可以实现一些业务规则，防止无效的垃圾数据进入数据库，维护数据库的完整性（完整性指正确性与一致性），从而使数据库的开发和维护都更加容易。

10.2　约束的分类

约束分为 6 类：非空（NOT NULL）约束、唯一（UNIQUE）约束、主键（PRIMARY KEY）约束、外键（FOREIGN KEY）约束、检查（CHECK）约束、REF 约束。常见的是前 5 类约束：

（1）非空（NOT NULL）约束：其约束的列不能为 NULL 值，否则就会报错。

（2）唯一（UNIQUE）约束：在一个表中只允许建立一个主键约束，如果其他列不希望出现重复值，则可以使用唯一约束。

（3）主键（PRIMARY KEY）约束：唯一地标识表中的每一行，不能重复，不能为空。创建主键或唯一约束后，Oracle 系统会自动创建一个与约束同名的索引（UNIQUENES 为 UNIQUE 的唯一索引）。需要注意的是，每个表中只能有且仅有一个主键约束。

（4）外键（FOREIGN KEY）约束：用来维护从表（Child Table）和主表（Parent Table）之间的引用完整性。外键约束是有争议的约束，它一方面能够维护数据库的数据一致性和完整性，防止错误的垃圾数据入库；另一方面又会增加表的插入、更新等的额外开销。不少系统中通过业务逻辑控制来取消外键约束。例如在数据仓库中，就建议禁用外键约束。

(5) 检查 (CHECK) 约束：表中的每行都要满足该约束条件。检查约束既可以在表级别定义，也可以在列级别定义。在一列上可以定义任意多个检查约束。

10.3 非空约束

非空约束是指数据表中某一列的内容不允许为空。如果要设置非空约束，可以使用 NOT NULL。

实例操作：

定义数据表，使用非空约束：

```
Drop table member purge;
create table member(
    mid number,
    name varchar2(10) NOT NULL
);
--Insert into member(mid) values (10);  //没有 name 字段
Insert into member(mid,name) values (20,'李四');
commit;
```

```
SQL> drop table member purge;

表已删除。

SQL> create table member(
  2  mid number,
  3  name varchar2(10) NOT NULL
  4  );

表已创建。

SQL> --insert into member(mid) values (10);  //没有name字段
SQL> insert into member(mid,name) values (20,'李四');

已创建 1 行。

SQL> commit;

提交完成。

SQL> select * from member;

       MID NAME
---------- --------------------
        20 李四
```

10.4 唯一约束

如果要求数据表中某一列的内容不允许重复，则可以使用 UNIQUE 进行声明。虽然 Oracle 系统具备唯一约束，但是 NULL 并不会受到唯一约束的限制，即默认情况下唯一约束可以为空。

实例操作：

(1) 编写脚本实现唯一约束：

--删除数据表

Drop table member purge;

--创建数据表

Create table member(

mid number,

name varchar2(20) NOT NULL,

email varchar2(30) UNIQUE

);

(2) 增加数据：

Insert into member(mid,name) values (10,'张三');

Insert into member(mid,name,email) values (20,'李四',
'oracletest@126.com');

```
SQL> --删除数据表
SQL> drop table member purge;

表已删除。

SQL> --创建数据表
SQL> create table member(
  2  mid number,
  3  name varchar2(20) NOT NULL,
  4  email varchar2(30) UNIQUE
  5  );

表已创建。

SQL> insert into member(mid,name) values (10,'张三');

已创建 1 行。

SQL> insert into member(mid,name,email) values (20,'李四','oracletest@126.com');

已创建 1 行。

SQL> Select * from member;

       MID NAME                                     EMAIL
---------- ---------------------------------------- ------------------------------
-
        10 张三
        20 李四                                     oracletest@126.com
```

(3) 增加错误数据：

Insert into member(mid,name,email) values (90,'王五','oracletest@126.com');

```
SQL> insert into member(mid,name,email) values (90,'王五','oracletest@126.com');
insert into member(mid,name,email) values (90,'王五','oracletest@126.com')
*
第 1 行出现错误:
ORA-00001: 违反唯一约束条件 (SCOTT.SYS_C0012947)
```

(4) 设置约束名称：

Drop table member purge;

--创建数据表

Create table member(

mid number,

```
    name varchar2(30) NOT NULL,
    email varchar2(30),
    constraint uk_email unique(email)
);
Insert into member(mid,name,email) values (20,'李四',
'oracletest@126.com');
Insert into member(mid,name,email) values (90,'王五',
'oracletest@126.com');
第 1 行出现错误:
ORA-00001: 违反唯一约束条件 (SCOTT.UK_EMAIL)
```

```
SQL> drop table member purge;

表已删除。

SQL> --创建数据表
SQL> create table member(
  2  mid number,
  3  name varchar2(30) NOT NULL,
  4  email varchar2(30),
  5  constraint uk_email unique(email)
  6  );

表已创建。

SQL> insert into member(mid,name,email) values (20,'李四','oracletest@126.com');

已创建 1 行。

SQL> insert into member(mid,name,email) values (90,'王五','oracletest@126.com');
insert into member(mid,name,email) values (90,'王五','oracletest@126.com')
*
第 1 行出现错误:
ORA-00001: 违反唯一约束条件 (SCOTT.UK_EMAIL)
```

10.5 主键约束

通常主键约束=唯一约束+非空约束，既不能重复也不能为空。主键约束可以在创建表的时候指定。

实例操作：

(1) 设置主键约束：

```
Drop table member purge;
create table member(
    mid number,
    name varchar2(30) NOT NULL,
    email varchar2(30) UNIQUE,
    constraint pk_mid primary key(mid)
);
Insert into member(mid,name) values (10,'张三');
```

Insert into member(mid, name, email) values (20, '李四',
'oracletest@126.com');

```
SQL> drop table member purge;

表已删除。

SQL> create table member(
  2  mid number,
  3  name varchar2(30) NOT NULL,
  4  email varchar2(30) UNIQUE,
  5  constraint pk_mid primary key(mid)
  6  );

表已创建。

SQL> insert into member(mid,name) values (10,'张三');

已创建 1 行。

SQL> insert into member(mid,name,email) values (20,'李四','oracletest@126.com');

已创建 1 行。
```

(2) 插入错误数据：

①主键重复：Insert into member(mid, name) values (10, '张北');

②主键为空：Insert into member(name) values ('张南');

```
SQL> insert into member(mid,name) values (10,'张北');
insert into member(mid,name) values (10,'张北')
*
第 1 行出现错误:
ORA-00001: 违反唯一约束条件 (SCOTT.PK_MID)


SQL> insert into member(name) values ('张南');
insert into member(name) values ('张南')
*
第 1 行出现错误:
ORA-01400: 无法将 NULL 插入 ("SCOTT"."MEMBER"."MID")
```

(3) 查看复合主键：

```
Drop table member purge;
create table member(
    mid number,
    name varchar2(20) NOT NULL,
    email varchar2(30) UNIQUE,
    constraint pk _ mid _ name primary key(mid, name)
);
```

这时表示 mid 和 name 两个列都作为主键存在，只有这两个列的内容完全相同时，才是重复的主键。

```
Insert into member(mid, name) values (10, '张三');
Insert into member(mid, name) values (10, '张北');
Insert into member(mid, name) values (10, '张三');
```

第 1 行出现错误：

ORA－00001：违反唯一约束条件（SCOTT．PK _ MID _ NAME）

```
SQL> drop table member purge;

表已删除。

SQL> create table member(
  2  mid number,
  3  name varchar2(20) NOT NULL,
  4  email varchar2(30) UNIQUE,
  5  constraint pk_mid_name primary key(mid,name)
  6  );

表已创建。

SQL> insert into member(mid,name) values (10,'张三');

已创建 1 行。

SQL> insert into member(mid,name) values (10,'张北');

已创建 1 行。

SQL> insert into member(mid,name) values (10,'张三');
insert into member(mid,name) values (10,'张三')
*
第 1 行出现错误:
ORA-00001: 违反唯一约束条件 (SCOTT.PK_MID_NAME)
```

10.6 外键约束

外键是作用在两张数据表上的约束。

实例操作：

本书前面使用 dept—emp 表，这个表的基本关系是每一个部门可以包含多名雇员，属于一对多关系，dept 是父表，emp 是子表，因此在 emp 子表里设置有一个 deptno 字段。

```
Drop table member purge;
--drop table book purge;
create table member(
    mid number,
    name varchar2(20)  not null,
    constraint pk_mid primary key(mid)
);
create table book(
    bid number,
    title varchar2(20),
    mid number,
    constraint pk_bid primary key(bid)
);
```

```
SQL>  drop table member purge;

表已删除。

SQL> --drop table book purge;
SQL> create table member(
  2  mid number,
  3  name varchar2(20)  not null,
  4  constraint pk_mid primary key(mid)
  5  );

表已创建。

SQL> create table book(
  2  bid number,
  3  title varchar2(20),
  4  mid number,
  5  constraint pk_bid primary key(bid)
  6  );

表已创建。
```

（1）增加有意义的数据：

Insert into member(mid,name) values (10,'zhangsan');

Insert into member(mid,name) values (20,'lisi');

Insert into member(mid,name) values (30,'wangwu');

Insert into book(bid,title,mid) values (10001,'java',10);

Insert into book(bid,title,mid) values (10002,'java',10);

Insert into book(bid,title,mid) values (10003,'java',10);

Insert into book(bid,title,mid) values (20001,'java',20);

Insert into book(bid,title,mid) values (20002,'java',20);

Insert into book(bid,title,mid) values (20003,'java',20);

Insert into book(bid,title,mid) values (30001,'java',30);

Insert into book(bid,title,mid) values (30002,'java',30);

以上数据都正确，因为编号保持一致。

```
SQL> Select * from member;

       MID NAME
---------- ----------------------------------------
        10 zhangsan
        20 lisi
        30 wangwu

SQL> Select * from book;

       BID TITLE                                           MID
---------- ---------------------------------------- ----------
     10001 java                                             10
     10002 java                                             10
     10003 java                                             10
     20001 java                                             20
     20002 java                                             20
     20003 java                                             20
     30001 java                                             30
     30002 java                                             30

已选择8行。
```

（1）增加错误信息：

Insert into book(bid,title,mid) values (88888,'幽灵',90);

```
SQL> insert into book(bid,title,mid) values (88888,'幽灵',90);
已创建 1 行。
```

此信息可以被保存。虽然没有 ID 为 90 的人，但是可以借书！

以上代码存在的问题：子表中的数据与父表中不一致（book 子表中 mid 的取值范围应该由父表 member 中的 mid 来决定）。因此，外键关联就是控制子表中某一个列的内容与父表中的数据范围相匹配，可以使用 foreign key 来表示。

SQL 脚本如下：

```
Drop table book purge;
create table book(
    bid number,
    title varchar2(20),
    mid number,
    constraint pk _ bid primary key(bid),
    constraint fk _ mid foreign key(mid) references member(mid)
);
```

```
SQL> create table book(
  2  bid number,
  3  title varchar2(20),
  4  mid number,
  5  constraint pk_bid primary key(bid),
  6  constraint fk_mid foreign key(mid) references member(mid)
  7  );
constraint fk_mid foreign key(mid) references member(mid)
                                                      *
第 6 行出现错误:
ORA-02270: 此列列表的唯一关键字或主键不匹配
```

此时重新录入正确数据后，再录入错误数据如下：

Insert into book(bid,title,mid) values (88888,'幽灵',90);

```
SQL> insert into book(bid,title,mid) values (88888,'幽灵',90);
insert into book(bid,title,mid) values (88888,'幽灵',90)
*
第 1 行出现错误:
ORA-02291: 违反完整约束条件 (SCOTT.FK_MID) - 未找到父项关键字
```

可以看到，加上外键约束后，就无法录入与父表不匹配的数据。

外键约束存在下列几个限制：

（1）如果表中存在外键关系，在删除父表前一定要先删除子表。

SQL> Drop table member;

第 1 行出现错误：

ORA—02449：表中的唯一/主键被外键引用 //此时先删除子表即可

```
SQL> Drop table member;
Drop table member
     *
第 1 行出现错误:
ORA-02449: 表中的唯一/主键被外键引用
```

```
SQL> drop table book;

表已删除。

SQL> drop table member;

表已删除。
```

假如有 A 和 B 两个表，A 中有 B 的外键，B 中有 A 的外键，这种情况下该怎么办?

强制删除：

DROP TABLE member CASCADE CONSTRAINT;

此时不再关注子表是否存在，父表直接被强制删除。强制删除应尽量避免使用。

(2) 父表中作为子表关联的外键的字段，必须设置为主键约束或者唯一约束，否则不能作为外键。

```
SQL>Drop table member;
SQL>Create table member(
mid number,
name varchar2(20)   not null
;
```

```
SQL> create table book(
  2  bid number,
  3  title varchar2(20),
  4  mid number,
  5  constraint pk_bid primary key(bid),
  6  constraint fk_mid foreign key(mid) references member(mid)
  7  );
constraint fk_mid foreign key(mid) references member(mid)
                                                      *
第 6 行出现错误:
ORA-02270: 此列列表的唯一关键字或主键不匹配
```

(3) 默认情况下，如果父表记录中有对应的子表记录，那么父表记录无法被删除。

```
Drop table member purge;
create table member(
mid number,
name varchar2(20)   not null,
constraint pk _ mid primary key(mid)
    );
Drop table book purge;
create table book(
bid number,
title varchar2(20),
mid number,
constraint pk _ bid primary key(bid),
constraint fk _ mid foreign key(mid) references member(mid)
);
```

SQL> Delete from member where mid=10;

第 1 行出现错误：

ORA－02292：违反完整约束条件（SCOTT．FK _ MID）－－已找到子记录

```
SQL> Select * from member;

       MID NAME
---------- ----------------------------------------
        10 zhangsan
        20 lisi
        30 wangwu

SQL> Select * from book;

       BID TITLE                                           MID
---------- ---------------------------------------- ----------
     10001 java                                             10
     10002 java                                             10
     10003 java                                             10
     20001 java                                             20
     20002 java                                             20
     20003 java                                             20
     30001 java                                             30
     30002 java                                             30

已选择8行。

SQL> Delete from member where mid=10;
Delete from member where mid=10
*
第 1 行出现错误:
ORA-02292: 违反完整约束条件 (SCOTT.FK_MID) - 已找到子记录
```

此时 member 表中有对应于相应字段的内容，可以先删除子表，再删除父表。

Delete from book where mid=10;

Delete from member where mid=10;

如果此时 member 表与很多张表都存在外键关系，那么先删除子表再删除父表的操作就会很不方便。有时我们希望父表数据一删除，相应的子表数据也随之删除，这就要设置表的级联属性。

（4）数据的级联删除：使用 ON DELETE CASCADE 实现。

更新以下两个表，再重新录入数据（略）：

```
--先删除 book
Drop table book purge;
Drop table member purge;
create table member(
    mid number,
    name varchar2(20)  not null,
    constraint pk _ mid primary key(mid)
);
create table book(
    bid number,
    title varchar2(20),
    mid number,
```

constraint pk _ bid primary key(bid),

constraint fk _ mid foreign key(mid) references member(mid) on delete cascade

);

```
SQL> delete from member where mid=10;

已删除 1 行。

SQL> Select * from member;

       MID NAME
---------- ----------------------------------------
        20 lisi
        30 wangwu

SQL> Select * from book;

       BID TITLE                                           MID
---------- ---------------------------------------- ----------
     20001 java                                             20
     20002 java                                             20
     20003 java                                             20
     30001 java                                             30
     30002 java                                             30
```

（5）级联更新：当父表数据被删除后，子表对应的内容设置为 NULL。该操作可以使用 ON DELETE SET NULL 实现。

更新表和数据：

Drop table book purge;

Drop table member purge;

create table member(

mid number,

name varchar2(20)　not null,

constraint pk _ mid primary key(mid)

);

create table book(

bid number,

title varchar2(20),

mid number,

constraint pk _ bid primary key(bid),

constraint fk _ mid foreign key(mid) references member(mid) on delete set null

);

删除 member 表中 mid=10 的成员信息，观察 book 表的变化。

```
SQL> delete from member where mid=10;

已删除 1 行。

SQL> Select * from book;

       BID TITLE                                            MID
---------- ---------------------------------------- ----------
     10001 java
     10002 java
     10003 java
     20001 java                                              20
     20002 java                                              20
     20003 java                                              20
     30001 java                                              30
     30002 java                                              30

已选择8行。
```

是否选择数据的级联操作，或者选择哪类级联操作需根据数据库开发要求决定。

10.7 检查约束

检查约束就是在进行数据更新操作前设置一些过滤条件，对满足条件的数据进行更新。定义检查约束使用 CHECK 语句。

实例操作：

设置检查约束：

```
Drop table member purge;
    create table member(
    mid number,
    name varchar2(20),
    age number(3),
    constraint ck_age check (age between 0 and 250));
    insert into member(mid,name,age) values (10,'张三',67);
    insert into member(mid,name,age) values (20,'张三',267);
第 1 行出现错误：
ORA-02290：违反检查约束条件 (SCOTT.CK_AGE)
```

```
SQL> drop table member purge;

表已删除。

SQL> create table member(
  2  mid number,
  3  name varchar2(20),
  4  age number(3),
  5  constraint ck_age check (age between 0 and 250));

表已创建。

SQL> insert into member(mid,name,age) values (10,'张三',67);

已创建 1 行。

SQL> insert into member(mid,name,age) values (20,'张三',267);
insert into member(mid,name,age) values (20,'张三',267)
*
第 1 行出现错误:
ORA-02290: 违反检查约束条件 (SCOTT.CK_AGE)
```

10.8　修改约束

建表时一定要同时建好约束，在维护过程中约束最好不要有任何变化。如果一定要修改，必须首先知道约束的名字。

如果一张表已经创建完成，需要为其添加若干约束，语法格式如下：

```
ALTER TABLE 表名称 ADD CONSTRAINT 约束名称 约束类型(约束字段);
```

约束类型的命名一定要统一，下面是一些常用约束：

- PRIMARY KEY：主键字段 _ PK
- UNIQUE：字段 _ UK
- CHECK：字段 _ CK
- FOREIGN KEY：父字段 _ 子字段 _ FK

既然可以添加约束，那么就可以删除约束。删除约束时要指定约束的名称，其语法格式如下：

```
ALTER TABLE 表名称 DROP CONSTRAINT 约束名称;
```

实例操作：

```
Drop table book purge;
Drop table member purge;
create table member(
    mid number,
    name varchar2(20)
);
Insert into member(mid,name) values (10,null);
Insert into member(mid,name) values (10,'lisi');
Insert into member(mid,name) values (10,'wangwu');
```

```
SQL> Select * from member;

       MID NAME
---------- ----------------------------------------
        10
        10 lisi
        10 wangwu
```

现有的代码中 mid 字段有重复数据，name 字段也有为空的情况。现在对其修改以添加约束：

为 member 表添加主键约束：

```
Alter table member add constraint pk _ mid primary key (mid);
```

```
SQL> Alter table member add constraint pk_mid primary key(mid);
Alter table member add constraint pk_mid primary key(mid)
                                  *
第 1 行出现错误:
ORA-02437: 无法验证 (SCOTT.PK_MID) - 违反主键
```

如果表中的数据本身就存在错误，那么不能添加约束。需要先删除错误的数据：
Delete from member where name in ('lisi','wangwu');　//已删除 2 行

```
SQL> delete from member where name in ('lisi', 'wangwu');
已删除2行。
```

Alter table member add constraint pk _ mid primary key(mid);
//表已更改

```
SQL> Alter table member add constraint pk_mid primary key(mid);
表已更改。
```

此时输入刚才的数据，系统会提示违反唯一约束条件（scott. pk _ mid）。

```
SQL> Alter table member add constraint pk_mid primary key(mid);
表已更改。
SQL> insert into member(mid,name) values (10,null);
insert into member(mid,name) values (10,null)
*
第 1 行出现错误:
ORA-00001: 违反唯一约束条件 (SCOTT.PK_MID)
```

删除约束：
Alter table member drop constraint pk _ mid;　//表已更改。
此时再输入刚才的数据，则正常创建。

```
SQL> ALTER TABLE member DROP CONSTRAINT pk_mid;
表已更改。
SQL> insert into member(mid,name) values (10,null);
已创建 1 行。
```

总结：
(1) 在所有的项目开发中一定要使用约束；
(2) 所有的约束在定义表的时候都要一起定义，并且一定要设置约束名称；
(3) 5 种约束中一定会用到的是主键、非空、外键。

第 11 章　常用数据库对象

11.1　序列

很多数据库系统中都存在一个自动增长的列。在 Oracle 系统中也具有自动增长的序列。创建序列的语法格式如下：

```
CREATE SEQUENCE sequence
[INCREMENT BY n][START WITH n]
[{MAXVALUE n | NOMAXVALUE}]
[{MINVALUE n | NOMINVALUE}]
[{CYCLE | NOCYCLE}]
[{CACHE n | NOCACHE}];
```

序列对象创建完成后，其内容会保存在数据字典中，如果要查询可以使用“user_sequences”。

序列创建后，所有的自动增长需要由用户自己处理，在序列中提供了以下两种操作：

（1）序列对象. nextVal：表示取得序列的下一个内容，每调用一次，序列会加上指定的步长；

（2）序列对象. currVal：表示取得当前序列的内容，无论如何调用，序列的内容不会发生改变。

序列创建后，第一次使用时必须先执行 nextVal，才能使用 currVal。

实例操作：

（1）创建序列：

Create sequence myseq;　//序列已创建

```
SQL> Drop sequence myseq;
序列已删除。
SQL> Create sequence myseq;
序列已创建。
```

(2) 查询序列：

Select * from user _ sequences;

```
SQL> Select * from user_sequences;

SEQUENCE_NAME                                                    MIN_VALUE  MAX_VALUE INCREMENT_BY CY OR CACHE_SIZ
E LAST_NUMBER
------------------------------------------------------------ ---------- ---------- ------------ -- -- ---------
- -----------
MYSEQ                                                                1 1.0000E+28            1 N  N          2
0           1
```

- 序列名称（sequence _ name）：myseq;
- 最小值（min _ value）：1;
- 最大值（max _ value）：1.0000E+28（相当于无限大）;
- 步长（increment _ by）：1;
- 是否循环（cy）：N;
- 是否排序（or）：N;
- 缓存（cache _ size）：20;
- 最后一次内容（last _ number）：1。

(3) 编写一张表，并添加序列号。

```
Drop table mytab purge;
Create table mytab(
    Id number,
    Name varchar2(20),
    Constraint pk _ id primary key(id)
    );
Insert into mytab(id,name) values(myseq.nextval,'rose');
```

```
SQL> Drop table mytab purge;

表已删除。

SQL> Create table mytab(
  2  Id number,
  3  Name varchar2(20),
  4  Constraint pk_id primary key(id)
  5  );

表已创建。

SQL> Insert into mytab(id,name)values(myseq.nextval,'rose');

已创建 1 行。

SQL> Select * from mytab;

        ID NAME
---------- ----------------------------------------
         2 rose
```

(4) 修改序列号的步长为 2：

```
Drop sequence myseq;
create sequence myseq increment by 2;
Select myseq.nextval from dual;        --连续执行，查看序列号增加的步长
```

```
SQL> Drop sequence myseq;
序列已删除。
SQL> Create sequence myseq increment by 2;
序列已创建。
SQL> Select myseq.nextval from dual;
   NEXTVAL
----------
         1
SQL> Select myseq.nextval from dual;
   NEXTVAL
----------
         3
```

观察序列的最后一个数值，当执行 next 增加的时候，如果增加到填满一个缓存，那么序列的下一个数值就是缓存数值×步长。

Select * from user _ sequences;

```
SQL> Select * from user sequences;

SEQUENCE_NAME                                                  MIN_VALUE  MAX_VALUE INCREMENT_BY CY OR CACHE_SIZE LAST_NUMBE
R
-------------------------------------------------------------- ---------- ---------- ------------ -- -- ---------- ----------
-
MYSEQ                                                                   1 1.0000E+28            2 N  N          20         41
```

(5) 修改序列号的开始值：

Drop sequence myseq;

create sequence myseq

increment by 2

start with 1000;

select myseq. nextval from dual;

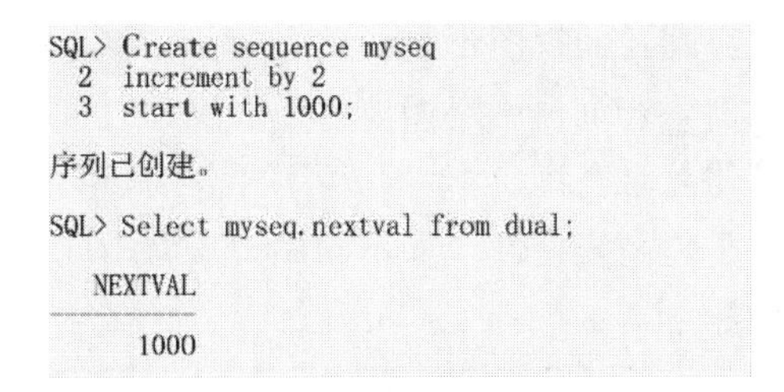

```
SQL> Create sequence myseq
  2  increment by 2
  3  start with 1000;

序列已创建。

SQL> Select myseq.nextval from dual;

   NEXTVAL
----------
      1000
```

(6) 设置循环序列，例如使一个序列的内容在 1，3，5，7，9 序列号之间循环显示。

Drop sequence myseq;

create sequence myseq

increment by 2

start with 1

minvalue 1

```
maxvalue 9
cycle cache 3;

select myseq.nextval from dual;
```

```
SQL> Select myseq.nextval from dual;

   NEXTVAL
----------
         7

SQL> Select myseq.nextval from dual;

   NEXTVAL
----------
         9

SQL> Select myseq.nextval from dual;

   NEXTVAL
----------
         1

SQL> Select myseq.nextval from dual;

   NEXTVAL
----------
         3
```

11.2 视图

一般查询语句代码过长，会造成维护的不便。在标准开发环境下，数据库设计人员会根据业务需要进行视图定义，以简化查询操作的代码。视图就是包含复杂查询的SQL语句的对象。它是一张虚拟表，其内容由查询定义，同真实的表一样。视图包含一系列带有名称的列数据和行数据。但是，视图在数据库中并不以存储的数据集形式存在。行数据和列数据来自定义视图的查询所引用的表，并且在引用视图时动态生成。

视图与表的区别：

(1) 表需要占用磁盘空间，而视图不需要。

(2) 视图不能添加索引，查询速度略慢。

(3) 使用视图可以简化复杂查询。

(4) 视图的使用有利于提高安全性，如不同用户查看不同的视图。

创建视图的语法结构如下：

```
CREATE VIEW 视图名称 AS 子查询;
```

视图创建完成后，就可以像查找表那样直接对视图进行查询操作。

删除视图的语法结构如下：

```
DROP VIEW 视图名称;
```

如果要修改视图，需要先删除视图。这样操作起来会很烦琐，在 Oracle 中为了方便用户修改视图，提供了一个替换命令，于是完整的视图创建语法结构为：

```
CREATE OR REPLACE 视图名称 AS 子查询;
```

应用以上语法结构，在修改视图时就可以不用先删除再修改了，系统会自动为用户进行删除和重建操作。

在标准开发中，有时视图的数量会远远大于表的数量，建议使用视图，以便于分工和维护。定义视图时建议使用只读视图，因为视图中的数据不是真实数据。

实例操作：

（1）写一个查询语句。

```
Select d.deptno,d.dname,temp.count,temp.avg
from dept d,(select deptno dno,count(empno) count,avg(sal) avg
    From emp group by deptno) temp
where d.deptno=temp.dno(+);
```

```
SQL> Select d.deptno,d.dname,temp.count,temp.avg
  2  From dept d,(select deptno dno,count(empno) count,avg(sal) avg
  3  From emp group by deptno) temp
  4  Where d.deptno=temp.dno(+);

    DEPTNO DNAME                               COUNT        AVG
---------- ------------------------------ ---------- ----------
        10 ACCOUNTING                              3 2916.66667
        20 RESEARCH                                5     3579.8
        30 SALES                                   6 1566.66667
        40 OPERATIONS
```

（2）创建视图：

```
Create view myview as
select d.deptno,d.dname,d.loc,temp.count,temp.avg
from dept d,(select deptno dno,count(empno) count,avg(sal) avg
    From emp group by deptno) temp
where d.deptno=temp.dno(+);
```

第1行出现错误：

ORA-01031：权限不足

为SCOTT用户授予创建视图的权限：

```
Conn sys/admin as SYSDBA;
Grant create view to SCOTT;
Conn SCOTT/TIGER;
```

```
SQL> CREATE VIEW myview AS
  2  Select d.deptno, d.dname, d.loc, temp.count, temp.avg
  3  From dept d,(select deptno dno,count(empno) count,avg(sal) avg
  4  From emp group by deptno) temp
  5  Where d.deptno=temp.dno(+);

视图已创建。

SQL> Conn sys/admin as sysdba;
已连接。
SQL> Grant create view to scott;

授权成功。

SQL> Conn scott/tiger;
已连接。
```

再执行 Create view newview as 创建视图，即可成功。

```
SQL> CREATE VIEW newview AS
  2  Select d.deptno, d.dname, d.loc, temp.count, temp.avg
  3  From dept d,(select deptno dno,count(empno) count,avg(sal) avg
  4  From emp group by deptno) temp
  5  Where d.deptno=temp.dno(+);

视图已创建。
```

视图创建完成后，就会自动在“user _ views”数据字典中保存相应的视图对象信息。

（3）查询视图：

Select * from newview；

```
SQL> Select * from newview;

    DEPTNO DNAME                        LOC                            COUNT        AVG
---------- ---------------------------- ------------------------- ---------- ----------
        10 ACCOUNTING                   NEW YORK                           3 2916.66667
        20 RESEARCH                     DALLAS                             5     3579.8
        30 SALES                        CHICAGO                            6 1566.66667
        40 OPERATIONS                   BOSTON
```

（4）修改视图：

Update newview set count=60 where deptno=30；

```
SQL> Update newview set count=60 where deptno=30;
Update newview set count=60 where deptno=30
                   *
第 1 行出现错误:
ORA-01779: 无法修改与非键值保存表对应的列
```

Update newview set dname=’测试’where deptno=30；

```
SQL> Update newview set dname='测试'where deptno=30;
Update newview set dname='测试'where deptno=30
                   *
第 1 行出现错误:
ORA-01779: 无法修改与非键值保存表对应的列
```

此视图无法修改，因为视图中的数据不是原表数据，而是查询后得到的临时数据。

（5）替换视图：此时如果有 newview，则替换它；如果没有，则创建之。

Create or replace view newview as

Select * from emp where deptno=20;

```
SQL> Create or replace view newview as
  2  Select * from emp where deptno=20;

视图已创建。

SQL> Select * from newview;

     EMPNO ENAME                JOB                     MGR HIREDATE            SAL       COMM     DEPTNO
---------- -------------------- ------------------ ---------- -------------- ---------- ---------- ----------
      7369 SMITH                CLERK                    7902 17-12月-80            800                    20
      7566 JONES                MANAGER                  7839 02-4月 -81           9999                    20
      7788 SCOTT                ANALYST                  7566 19-4月 -87           3000                    20
      7876 ADAMS                CLERK                    7788 23-5月 -87           1100                    20
      7902 FORD                 ANALYST                  7566 03-12月-81           3000                    20
```

（6）更新视图的创建条件。

Update newview set deptno=40 where empno=7369;

此时 emp 表中的数据已更新。但是这种操作一般是不允许的。

```
SQL> Select * from newview;

     EMPNO ENAME                JOB                     MGR HIREDATE            SAL       COMM     DEPTNO
---------- -------------------- ------------------ ---------- -------------- ---------- ---------- ----------
      7369 SMITH                CLERK                    7902 17-12月-80            800                    20
      7566 JONES                MANAGER                  7839 02-4月 -81           9999                    20
      7788 SCOTT                ANALYST                  7566 19-4月 -87           3000                    20
      7876 ADAMS                CLERK                    7788 23-5月 -87           1100                    20
      7902 FORD                 ANALYST                  7566 03-12月-81           3000                    20

SQL> Update newview set deptno=40 where empno=7369;

已更新 1 行。

SQL> Select * from newview;

     EMPNO ENAME                JOB                     MGR HIREDATE            SAL       COMM     DEPTNO
---------- -------------------- ------------------ ---------- -------------- ---------- ---------- ----------
      7566 JONES                MANAGER                  7839 02-4月 -81           9999                    20
      7788 SCOTT                ANALYST                  7566 19-4月 -87           3000                    20
      7876 ADAMS                CLERK                    7788 23-5月 -87           1100                    20
      7902 FORD                 ANALYST                  7566 03-12月-81           3000                    20
```

（7）更新视图的非创建条件：

Update newview set sal=9999 where empno=7788;

此时 emp 表中的数据已更新。但是这种操作一般是不允许的。

```
SQL> Update newview set sal=9999 where empno=7788;

已更新 1 行。

SQL> Select * from newview;

     EMPNO ENAME                JOB                     MGR HIREDATE            SAL       COMM     DEPTNO
---------- -------------------- ------------------ ---------- -------------- ---------- ---------- ----------
      7566 JONES                MANAGER                  7839 02-4月 -81           9999                    20
      7788 SCOTT                ANALYST                  7566 19-4月 -87           9999                    20
      7876 ADAMS                CLERK                    7788 23-5月 -87           1100                    20
      7902 FORD                 ANALYST                  7566 03-12月-81           3000                    20
```

（8）定义只读视图：

Create or replace view newview as

Select * from emp where deptno=20

With read only;

Update newview set deptno=40 where empno=7566;

第 1 行出现错误：

ORA－42399：无法对只读视图执行 DML 操作

```
SQL> Create or replace view newview as
  2  Select * from emp where deptno=20
  3  With read only;

视图已创建。

SQL> Update newview set deptno=40 where empno=7566;
Update newview set deptno=40 where empno=7566
                   *
第 1 行出现错误:
ORA-42399: 无法对只读视图执行 DML 操作
```

(9) 删除视图：

Drop view newview;

```
SQL> DROP VIEW newview;

视图已删除。
```

总结：

(1) 在标准开发中建议使用视图，以便于分工和维护；

(2) 有时视图的数量会远远大于表的数量；

(3) 定义视图时建议使用只读视图，因为视图中的数据不是真实数据。

11.3 用户管理和授权

SQL 中的 DCL 是数据库控制语言，使用 DCL 可以实现对用户权限的控制。如果要控制权限，必须维护用户的对象信息。

实现用户管理操作，需要以管理员身份登录，然后采用以下语法格式创建用户：

```
CREATE USER 用户名 IDENTIFIED BY 密码;
```

创建用户之后，会开启一个新的 sqlplusw 窗口，并用此用户登录。但是由于没有会话权限，登录不成功。需要用以下语法格式为用户授权：

```
GRANT 权限 1,权限 2,…,TO 用户;
```

此时再使用创建的用户进行连接，即可连上数据库，表示创建了一个会话。在用户连接上数据库之后，即可进行建表操作。作为一个新用户，所有的权限都需要分别赋予。为了把多个权限一次性赋予一个用户，可以将这些权限定义成一组角色。在 Oracle 中提供了两个主要角色，即 CONNECT 和 RESOURCE，可以把这两个角色直接赋予用户。

如果要修改用户密码，可以通过以下的语法格式实现：

```
ALTER USER 用户名 IDENTIFIED BY 密码;
```

以手动操作实现密码失效功能，语法格式如下：

```
ALTER USER 用户名 PASSWORD EXPIRE;
```

用户锁定的语法格式如下：

```
ALTER USER 用户名 ACCOUNT LOCK;
```

使用 UNLOCK 可以实现为用户解锁，其语法格式如下：

```
ALTER USER 用户名 ACCOUNT UNLOCK;
```

如果要访问其他用户的表，需要先用 GRANT 授予对该表的访问权限。如果要收回权限，可使用 REVOKE，其语法格式如下：

```
REVOKE 权限 ON 用户.表名称 FROM 用户;
```

实例操作：

(1) 使用 sys 用户操作。

Conn sys/admin as sysdba;

(2) 创建 isme 用户，密码为 mine。

Create user isme identified by mine;//此时该用户还无法使用，因为缺少创建会话的权限

(3) 为 isme 用户分配“CREATE SESSION”权限。

Grant create session to isme;

(4) 为 isme 用户分配“CREATE TABLE”权限。

Grant create table to isme;

(5) 登录 isme 账户。

Conn isme/mine;

(6) 在 isme 账户下创建表。

Create table ismetab(Id number);

```
SQL> Conn sys/admin as sysdba;
已连接。
SQL> Create user isme identified by mine;

用户已创建。

SQL> Grant create session to isme;

授权成功。

SQL> Grant create table to isme;

授权成功。

SQL> Conn isme/mine;
已连接。
SQL> Create table ismetab(
  2  Id  number);

表已创建。
```

利用 Oracle 中提供的 CONNECT 和 RESOURCE 两个角色进行授权。

（1）为 isme 用户分配角色。

Conn sys/admin as sysdba;

Grant connect,resource to isme;

在任何系统中只要用户的权限或角色发生改变，就需要重新登录。

（2）修改用户密码。

Alter user isme identified by miao;

```
SQL> Conn sys/admin as sysdba;
已连接。
SQL> Grant connect,resource to isme;

授权成功。

SQL> Alter user isme identified by miao;

用户已更改。

SQL> Conn isme/miao;
已连接。
```

（3）令原密码失效，登录后立即修改密码。

Alter user isme password expire;

```
SQL> Conn sys/admin as sysdba;
已连接。
SQL> Alter user isme password expire;

用户已更改。

SQL> Conn isme/miao;
ERROR:
ORA-28001: the password has expired


更改 isme 的口令
新口令:
```

（4）锁定 isme 用户。

Alter user isme account lock;

```
SQL> Conn sys/admin as sysdba;
已连接。
SQL> Alter user isme account lock;

用户已更改。

SQL> Conn isme/mine;
ERROR:
ORA-28000: the account is locked


警告: 您不再连接到 ORACLE。
```

（5）解锁 isme 用户。

Alter user isme account unlock;

```
SQL> Conn sys/admin as sysdba;
已连接。
SQL> Alter user isme account unlock;

用户已更改。

SQL> Conn isme/mine;
已连接。
```

（6）将 SCOTT 用户的操作对象权限授予其他用户。

操作对象权限有四种：INSERT，UPDATE，SELECT，DELETE。

Grant select，insert on SCOTT.emp to isme;　　　　//可查询

delete from SCOTT.emp where empno=7369;　　　　//权限不足

```
SQL> Conn sys/admin as sysdba;
已连接。
SQL> Grant select,insert on scott.emp to isme;

授权成功。

SQL> Conn isme/mine;
已连接。
SQL> delete  from scott.emp where empno=7369;
delete  from scott.emp where empno=7369
                   *
第 1 行出现错误:
ORA-01031: 权限不足


SQL> Select * from scott.emp where empno=7369;

     EMPNO ENAME      JOB              MGR HIREDATE          SAL       COMM     DEPTNO
---------- ---------- --------- ---------- ---------- ---------- ---------- ----------
      7369 SMITH      CLERK           7902 17-12月-80        800                    40
```

（7）收回 isme 权限。

Revoke connect，resource from isme;

Revoke create session，create table from isme;

（8）删除 isme 用户。

Drop user isme cascade;

```
SQL> Conn sys/admin as sysdba;
已连接。
SQL> Revoke connect,resource from isme;

撤销成功。

SQL> Revoke create session,create table from isme;

撤销成功。

SQL> Drop user isme cascade;

用户已删除。
```